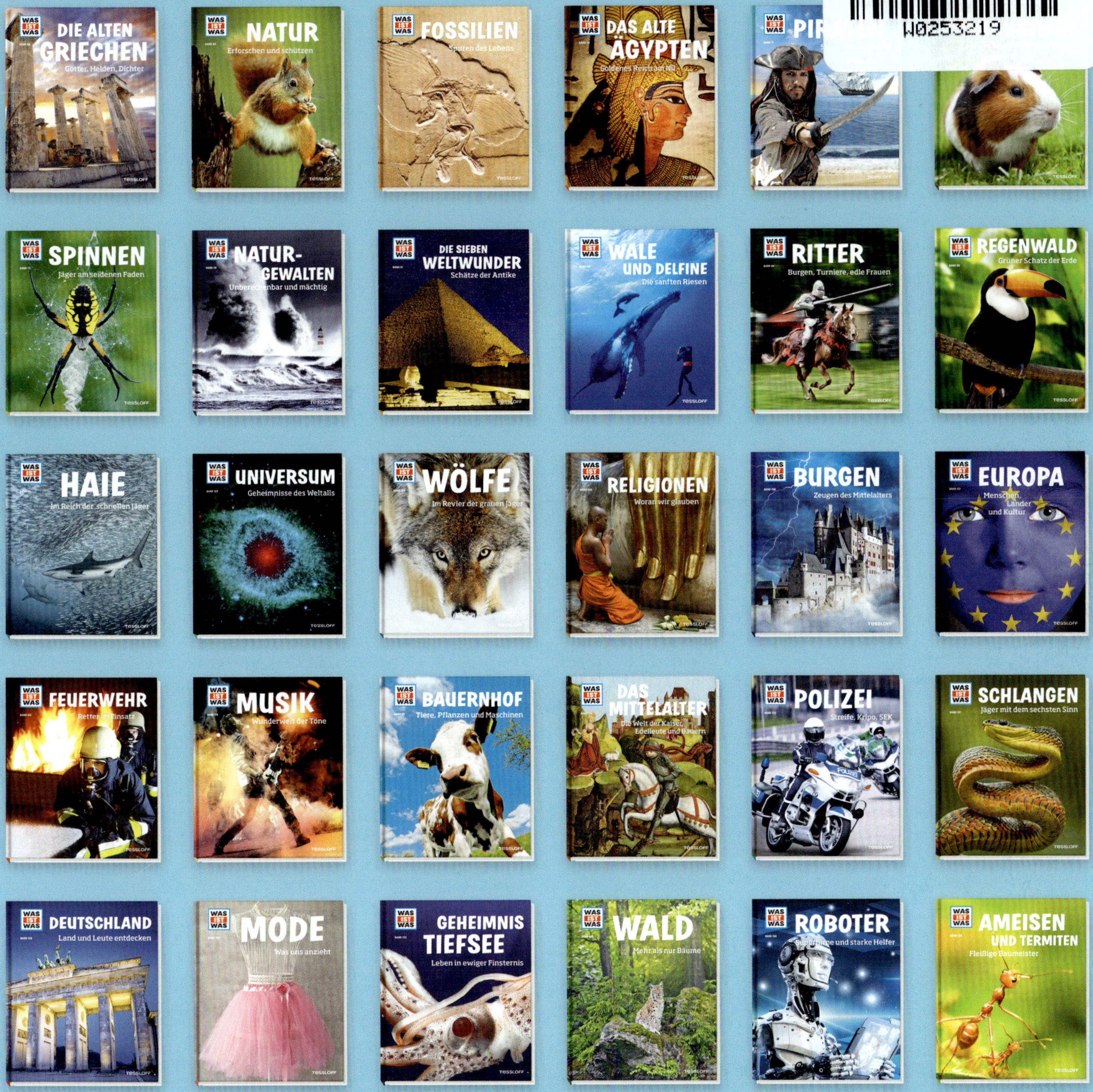

Die Reihe wird fortgesetzt.

WAS IST WAS

Dr. Bernd Flessner

ROBOTER

Superhirne und starke Helfer

TESSLOFF

Hier siehst du, wo du bist!

Wo ist was?

Seite 10

Von Transformer bis C-3PO: Roboter als Filmhelden!

Fast geräuschlos erkundet die Drohne das Gelände. Was sie wohl entdecken wird?

Seite 18

Roboter löschen Brände und bergen Verschüttete. Lerne die Retter kennen!

Seite 24

Können Roboter schwimmen? Und ob! Tauche mit ihnen ab …

Wuff, wuff! Wir sehen uns auf Seite 34! Wuff!

Seite **34**

Das abenteuerliche Innenleben eines Roboters: Wie bewegt er seine Arme und Beine? Wie »denkt« er?

28 Humanoide – fast wie ein Mensch

Die mit ▶ markierten Seiten könnten dich besonders interessieren!

Seite **32**

Asimo kann laufen wie ein Mensch. Entdecke, was der Roboter aus Japan sonst noch alles kann!

36 Spiel und Spaß

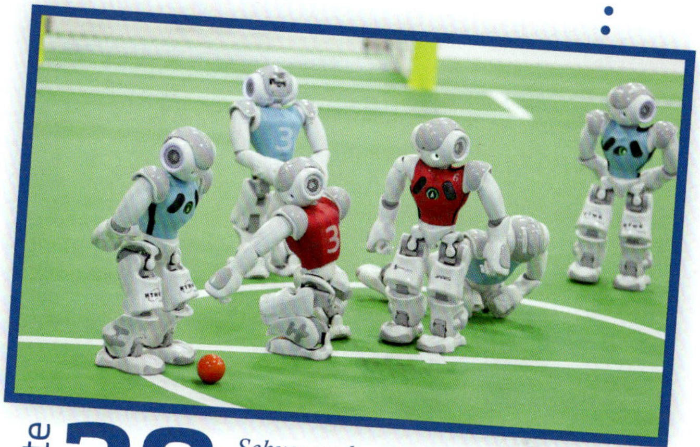

Seite **38**

Schuss und ... Toooor! Beim RoboCup geben die Fußballroboter alles! Jedes Team will als Sieger vom Platz gehen.

42 Roboter der Zukunft

Seite **46**

Im Smart Home der Zukunft könnten Roboter viele Aufgaben für uns übernehmen.

48 Glossar

Hier findest du die wichtigsten Begriffe kurz erklärt.

Auf acht Beinen in den Krater

Dante II
Höhe: 3,7 m
Breite: 2,3 m
Länge: 3,7 m
Gewicht: 770 kg
Geschwindigkeit: bis zu 7 cm pro s
Reichweite: 300 m

Auf seinen acht Beinen klettert Dante II Stück für Stück den Kraterrand hinunter – so sicher wie ein Bergsteiger.

Der Kraterrand ist heiß und rutschig. Aus dem Untergrund steigen giftige Gase auf. Selbst mit einem Schutzanzug könnte kein Mensch den Krater des Mount Spurr in Alaska betreten. Noch dazu kann der Vulkan jederzeit ausbrechen. Dennoch klettert Dante II im Sommer 1994 über den Kraterrand und steigt 165 Meter tief hinab ins Innere des Vulkans. Dazu benötigt der Roboter mehrere Tage, denn trotz seiner acht Beine kommt er auf dem rutschigen Boden nur langsam voran. Seine Sensoren und Scanner erfassen die gesamte Umgebung und messen die Temperatur. Gleich acht Kameras beobachten jeden Stein und jede Rauchsäule. Schließlich erreicht Dante II den Kraterboden. Dort beginnt seine eigentliche Aufgabe: Die Untersuchung der aufsteigenden Gase aus dem Inneren des Vulkans.

In sicherer Entfernung

Rund 120 Kilometer vom Krater entfernt verfolgen Wissenschaftler jeden Schritt des Roboters. Im Kontrollzentrum sind sie vor den giftigen Gasen oder plötzlichen Ausbrüchen sicher. Die Videobilder und Signale von Dante II erhalten sie über Satellit. Sobald die Bilder ein bisschen wackeln, reißen einige der Forscher die Augen auf. Stürzt der Roboter? Dann wäre der ganze Aufwand vergebens gewesen! Doch Dante II schafft es. Die Messgeräte arbeiten einwandfrei. Auf den Monitoren der Vulkanforscher erscheinen die ersten Ergebnisse. Mit ihnen können die Wissenschaftler Vulkanausbrüche in Zukunft besser voraussagen. Die Mission ist ein voller Erfolg! Sogar der schwierige Rückweg gelingt Dante II. Langsam klettert er den Kraterrand hinauf. Zwar kommt es zu einer kleinen Panne, aber die kann schnell behoben werden. Ein Hubschrauber steht bereit und fliegt den Roboter zurück ins Kontrollzentrum.

Unter Kontrolle

Wann ist mit dem nächsten Ausbruch zu rechnen? Diese Frage können Vulkanologen beantworten, wenn sie Messgeräte im Krater aufstellen. Entscheidend ist die Zusammensetzung der aufsteigenden Gase.

Selbst mit einer Atemschutzmaske können Menschen nur wenige Bereiche eines Vulkans erforschen.

Schon gewusst?

Auf der Erde gibt es etwa 1 500 aktive Vulkane, von denen 500 in den letzten hundert Jahren ausgebrochen sind. Etwa jeder zehnte Mensch lebt in der Nähe eines dieser Vulkane. Grund genug, die Entwicklung von Vulkanrobotern voranzutreiben.

Pioniere der Robotik

Da Vincis Roboter bewegt sich mithilfe von Gelenken und Flaschenzügen.

Talos

Der göttliche Schmied Hephaistos soll aus Bronze den Riesen Talos gebaut haben. Seine Aufgabe war es, die Insel Kreta vor Feinden zu schützen. Er setzte deren Schiffe in Brand.

Ein künstlicher Ritter?

Der italienische Maler und Erfinder Leonardo da Vinci (1452–1519) konstruierte 1495 einen mechanischen Ritter, der stehen, sitzen und seine Arme bewegen konnte. Entworfen wurde er für den Hof eines Fürsten, um dort Gäste zu unterhalten. Erst 1950 wurden die Baupläne wiedergefunden, sodass Roboterexperten den Ritter nachbauen konnten. Da Vincis Ritter war wohl der erste Versuch, einen Roboter zu bauen.

Der Flötenspieler

Der Franzose Jacques de Vaucanson (1709–1782) schuf 1737 einen mechanischen Flötenspieler, der zwölf Lieder spielen konnte. Gesteuert wurde er von einer Stiftwalze, wie sie auch in Spieluhren zu finden ist.

◂ v. Chr. 0 n. Chr. ▸

2000 — 70 — 1495 — 1737 — 1743

So sah der Mechanismus aus, als er entdeckt wurde. Unten ein Nachbau.

Mechanismus von Antikythera

Der 1900 gefundene Mechanismus ist ein komplizierter Apparat, der als Sonnen- und Mondkalender diente.

Die künstliche Ente

Richtig kompliziert war die mechanische Ente, die sich Vaucanson ausdachte. Sie konnte mit den Flügeln schlagen, schnattern, Wasser trinken und Getreide fressen. Jeder Flügel der Ente bestand aus 400 Teilen – ein wahres Meisterwerk! Ein Gummischlauch, gefüllt mit Chemikalien, sorgte als künstlicher Darm sogar für die »Verdauung«. Die Zuschauer waren begeistert! Ein so echt wirkendes künstliches Tier hatte bisher noch niemand gesehen!

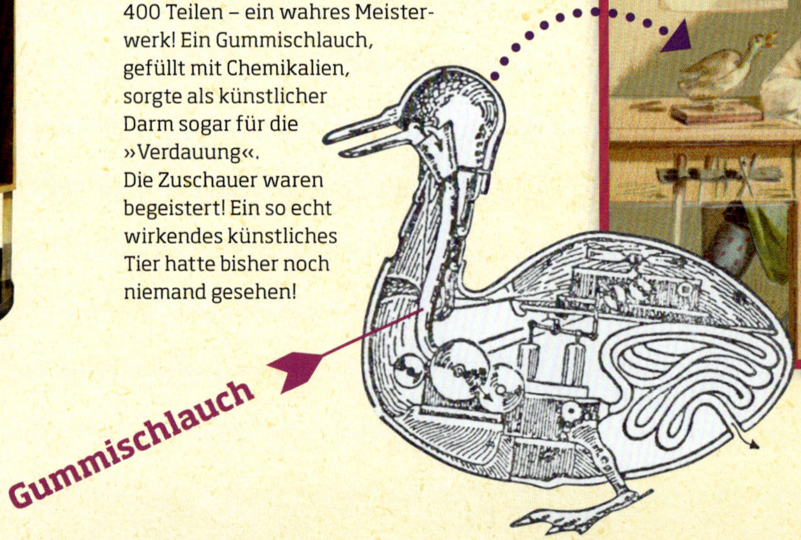

Der französische Ingenieur und Erfinder Vaucanson war einer der klügsten Köpfe seiner Zeit.

Der automatische Schreiber

Der Schweizer Uhrmacher Pierre Jaquet-Droz (1721–1790) baute mehrere Automaten. Der bekannteste ist der Schreiber, der von einer Art Uhrwerk gesteuert wird. Der Automat ist etwa 70 Zentimeter groß.

Nocken auf einer Scheibe führen die Schreibfeder. Dank der veränderbaren Nocken kann die Feder jeden beliebigen Text schreiben.

Dr. Motor

Der ungarische Erfinder Tarján Ferenc (1895–1956) konstruierte 1929 den Roboter Dr. Motor und ließ ihn in einem Budapester Kaufhaus auftreten. Von einer schalldichten Kabine aus konnte Ferenc seinen Roboter fernsteuern und über ein Mikrofon auch sprechen lassen. Die Kunden des Kaufhauses waren begeistert.

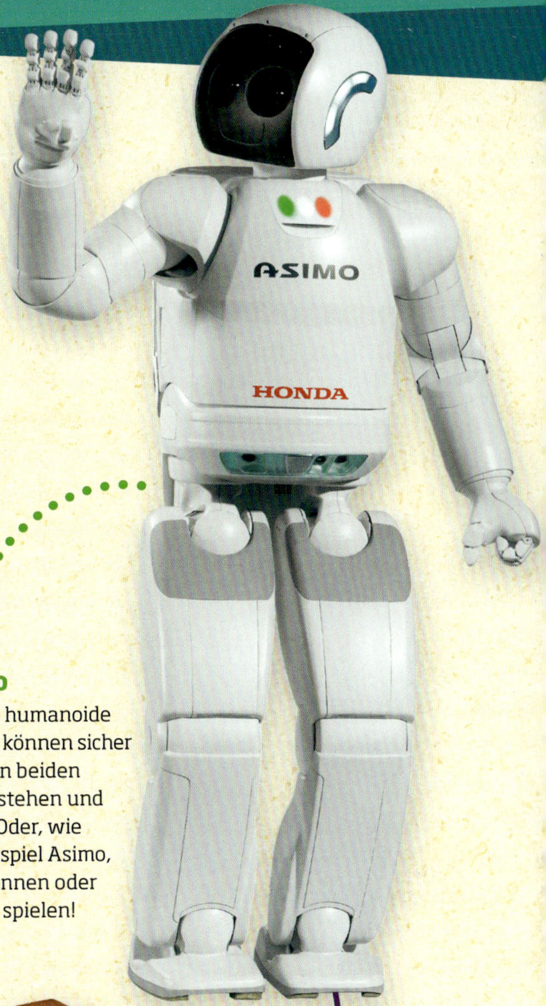

Asimo

Heutige humanoide Roboter können sicher auf ihren beiden Beinen stehen und laufen. Oder, wie zum Beispiel Asimo, sogar rennen oder Fußball spielen!

1769 — 1774 — 1920 — 1929 — 1939 — 2014

Der Automat war auch als »Schachtürke« bekannt.

Kempelens Schachspieler

Der ungarische Erfinder Wolfgang von Kempelen (1734–1804) baute 1769 seinen mechanischen Schachspieler-Roboter, der in Wirklichkeit jedoch von einem Menschen im Inneren des Apparates bedient wurde.

Roboter heißen jetzt Roboter

Der Begriff »Roboter« für einen künstlichen, mechanischen Menschen stammt aus dem Theaterstück »R.U.R. – Rossum`s Universal Robots« des tschechischen Dichters Karel Čapek. Sein 1920 verfasstes Stück handelt von Robotern, die einen Aufstand planen.

Der Vater des »Roboternamens«: Karel Čapek (1890–1938).

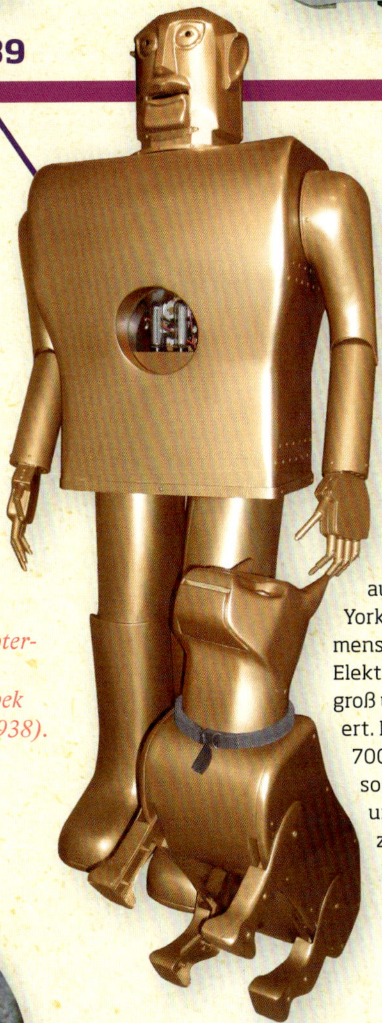

Die Erbauer von Elektro haben sogar an einen Hund als Begleiter gedacht.

Die Roboter kommen!

Die amerikanische Firma Westinghouse zeigte auf der Weltausstellung 1939 in New York den humanoiden, also menschenähnlichen Roboter Elektro. Er war 2,20 Meter groß und wurde ferngesteuert. Elektro beherrschte 700 Wörter und konnte sogar Zigarre rauchen und seine Finger abzählen. Er steht heute im Museum und prägt noch immer unser Bild von einem Roboter.

Im 18. Jahrhundert begann man, mechanische Webstühle mit Lochkarten zu steuern.

Hier wird gerade eine Lochkarte durch Stanzen »programmiert«.

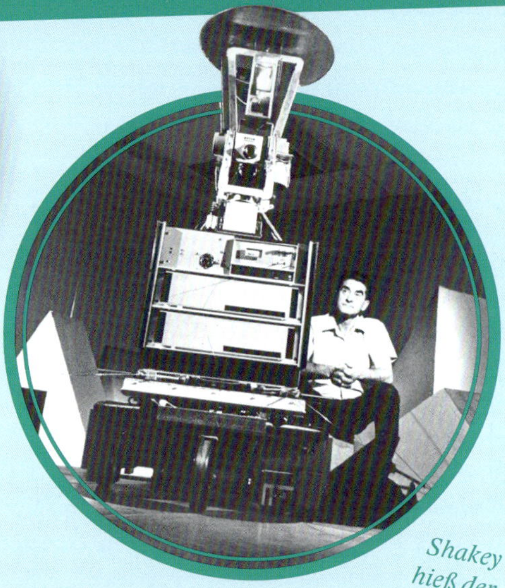

Shakey hieß der 1966 in den USA gebaute Roboter, der sich erstmals alleine bewegen konnte.

Von der Lochkarte bis zum Computer

Einen Roboter zu bauen, ist gar nicht so einfach. Erst recht nicht, wenn es ein humanoider, also ein menschenähnlicher Roboter sein soll. Zu den vielen Problemen, die gelöst werden mussten, zählten die Gelenke, der Antrieb und die Steuerung von Armen und Beinen. Das größte Problem aber war die Intelligenz. Bis zum Ende des Zweiten Weltkriegs standen den Erfindern nur Lochkarten und mechanische Apparaturen wie Zahnräder oder Flaschenzüge zur Verfügung. Erst nach der Entwicklung des Computers und des Transistors konnten Roboter mit etwas mehr Intelligenz ausgestattet werden.

MM7 kann Staub saugen

Im 20. Jahrhundert begann die große Zeit der Roboter. Zunächst war das Bauen von humanoiden Robotern ein Hobby von Erfindern und Ingenieuren. Einer von ihnen war der Wiener Claus Scholz-Nauendorff. Er baute 1961 den Roboter MM7, der Türen öffnen, Staub saugen und Getränke servieren konnte. Da er von Elektromotoren angetrieben wurde, reichte eine normale Steckdose aus, um ihn mit Strom zu versorgen. MM7 war eine echte Sensation! Er steht heute im Technischen Museum in Wien.

Die Profis kommen

Als die Entwicklung des Computers immer schneller und erfolgreicher verlief, befassten sich auch Wissenschaftler bekannter Universitäten mit dem Bau von Robotern.

Löcher als Informationen?

Lochkarten aller Art wurden bis in die 1960er-Jahre eingesetzt, um Maschinen zu steuern und Daten zu verarbeiten. Wanderte die Karte durch eine Maschine, sorgte jedes Loch dafür, dass ein Kontakt geschlossen wurde. Und schon wurde der »Befehl« ausgeführt. Die Löcher wurden mit einem Lochkartenlocher vorher eingestanzt. Heute würde man sagen, sie wurden programmiert.

MM7 wurde häufig als Freund des Menschen und als Haushaltshilfe gezeigt.

Schon gewusst?

Der deutsche Ingenieur Konrad Zuse (1910–1995) baute 1941 den ersten voll funktionsfähigen Computer der Welt, den er Z3 nannte. Er bestand aus Relais, also elektromagnetischen Schaltern. Hier siehst du den Vorläufer: das Modell Z1.

Ihnen ging es zunächst darum, Bildverarbeitung, Spracherkennung, Sensorik und andere neue Technologien für die Robotik nutzbar zu machen. So entwickelten Forscher an der Stanford Universität in Kalifornien ab 1966 Shakey, den ersten beweglichen Roboter, der eigene Aktionen durchführen konnte. Er sah zwar nicht gerade wie ein menschlicher Roboter aus, konnte aber sprachliche Befehle verstehen und ausführen, sogar wenn er dabei Hindernisse bewältigen musste.

Wabot läuft und musiziert

Während Shakey noch auf Rädern fuhr, konnte Wabot-1 bereits richtig gehen – wenn auch nur sehr langsam. Gebaut wurde er ab 1970 von der Waseda Universität in Japan. Er sah schon eher wie ein humanoider Roboter aus, auch wenn sein Körper noch eine Art Drahtgestell war. Dafür konnte er Gegenstände erkennen, die Entfernung zu ihnen messen, sprachlichen Befehlen folgen und dank feiner Sensoren in den Fingern auch empfindliche Objekte anfassen, ohne sie zu zerdrücken. Sein Nachfolger, der ab 1980 entwickelte Wabot-2, konnte sogar Orgel spielen.

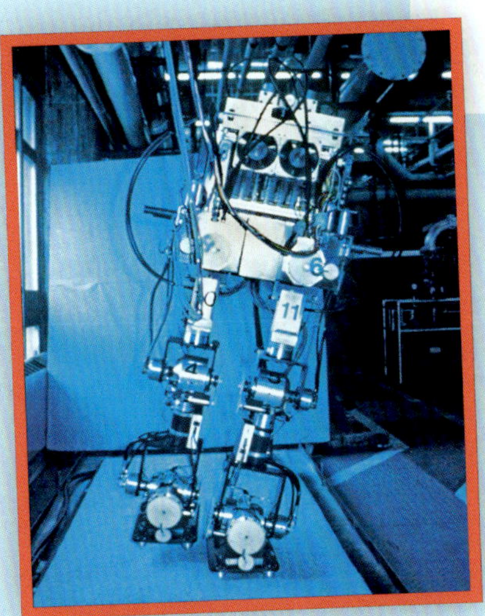

Forscher haben Jahrzehnte in ihren Labors experimentiert, um Robotern wie Wabot-1 Schritt für Schritt das Laufen beizubringen.

Angeberwissen

- Die berühmten Robotergesetze stammen von dem russisch-amerikanischen Science-Fiction-Autor Isaac Asimov (1920–1992). Zum ersten Mal stellte er sie 1942 in einer Kurzgeschichte vor. Die Gesetze lauten:
- Ein Roboter darf kein menschliches Wesen verletzen oder durch Untätigkeit erlauben, dass einem menschlichen Wesen Schaden zugefügt wird.
- Ein Roboter muss den ihm von einem Menschen gegebenen Befehlen gehorchen – es sei denn, ein solcher Befehl widerspricht dem ersten Gesetz.
- Ein Roboter muss seine Existenz beschützen, solange dieser Schutz nicht dem ersten oder zweiten Gesetz widerspricht.

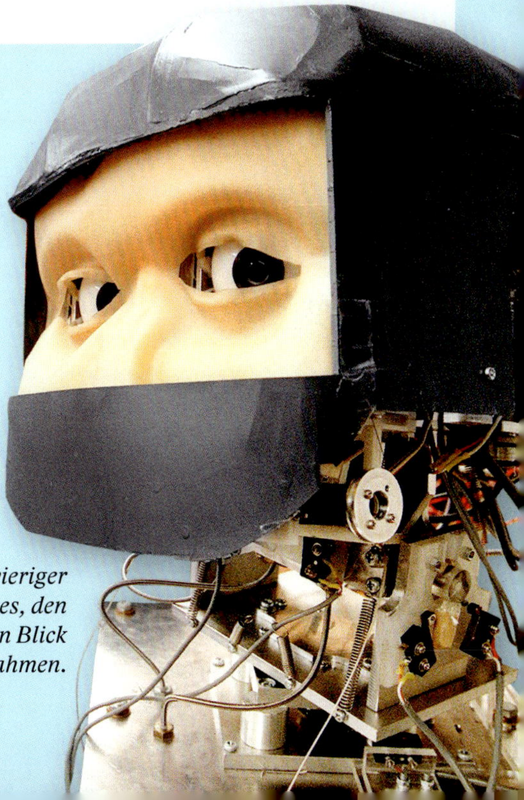

Noch schwieriger war es, den menschlichen Blick nachzuahmen.

Roboter als Filmstars

Rekord

Nur 112 cm

groß war der englische Schauspieler Kenny Baker. Er passte daher in die kleine »Metallbüchse«, wie er es nannte, und bewegte R2-D2 in sechs »Star Wars«-Filmen.

Raumschiffe und Roboter waren von Anfang an im Kino dabei. Denn gleich mehrere der ersten Filme, die Ende des 19. Jahrhunderts gedreht wurden, waren Science-Fiction-Filme. Der erste Filmroboter stapfte bereits 1897 in einem französischen Kurzfilm über die Leinwand.

Metropolis

Zum ersten großen Filmstar wurde der humanoide Roboter aus dem Film »Metropolis«, der 1927 in die Kinos kam. Er wird im Film von dem Erfinder Rotwang gebaut, um an die Stelle der Maria zu treten, der Heldin des Films. Die Gestalt des Roboters ist so eindrucksvoll, dass Regisseure bis heute ähnliche Roboter zeigen, um an »Metropolis« zu erinnern. Bestimmt kennst du C-3PO aus »Krieg der Sterne«. Auch er ist dem berühmten Filmroboter von 1927 nachempfunden.

Gort

Ein weiterer bis heute bekannter Roboter landete 1951 auf der Erde. Allerdings nur im Kino. Zusammen mit seinem menschlichen Partner Klaatu steigt der riesige Roboter Gort in »Der Tag, an dem die Erde stillstand« aus einem Raumschiff. Mühelos kann der Roboter mit seinen Strahlen Panzer verglühen lassen. Doch Klaatu und Gort sind in der Absicht gekommen, die Erde vor Schaden zu bewahren.

Robby

Ebenso berühmt ist der sprechende Roboter Robby aus dem Film »Alarm im Weltall« von 1956. Zu seinen besonderen Fähigkeiten zählt es, Gegenstände aller Art in beliebiger Stückzahl kopieren zu können. Robby war so beliebt, dass später weitere Filme mit ihm gedreht wurden.

Ein wahrer Filmstar: Roboter WALL·E auf der britischen Filmpremiere 2008 in London.

WALL·E

Natürlich treten Roboter auch in Filmen für Kinder und Jugendliche auf. Um nicht weniger als die ganze Welt geht es in dem Film »WALL·E«. Denn WALL·E ist der letzte von vielen Robotern, die die vollkommen vermüllte Erde wieder bewohnbar machen sollen. Dank seines Einsatzes können die Menschen auf die Erde zurückkehren. WALL·E ist zwar kein humanoider Roboter, hat aber dennoch menschliche Züge.

Hoher Besuch: C-3PO bei einem »Star Wars«-Fantreffen 2013 in Essen.

Verwandlungskünstler

C-3PO und Co

Natürlich haben auch die beiden erfolgreichsten Science-Fiction-Reihen aller Zeiten Roboter als Helden: »Star Wars« (»Krieg der Sterne«) und »Star Trek« (»Raumschiff Enterprise«). So begleiten R2-D2 und C-3PO Luke Skywalker bei seinen Abenteuern, während Data sogar ein Offizier an Bord der Enterprise ist. Sein größter Wunsch ist es, ein richtiger Mensch zu sein. Er wird daher scherzhaft »Pinocchio des Weltraums« genannt.

Transformers

Besonders wandelbare Roboter kann man in den »Transformers«-Filmen kennenlernen. Von einem anderen Planeten auf die Erde gekommen, kämpfen zwei verfeindete Gruppen dort, was das Zeug hält. Dabei sind nicht alle Roboter den Menschen wohlgesonnen. Die Transformers können verschiedene Formen annehmen und treten so auch als Autos, Satelliten oder Helikopter auf.

Nicht nur im Kino begegnet man den Transformers. Auch als Spielzeugfiguren sind sie beliebt.

Fleißige Roboter in der Industrie

Die Vorstellung, dass Industrieroboter nur Autos bauen, ist weitverbreitet. Dabei arbeiten sie in den unterschiedlichsten Bereichen mit, auch in der Schokoladenproduktion.

Ein Wissenschaftler füllt radioaktive Stoffe um. Dank der Roboterarme ist er selbst in Sicherheit.

Der Siegeszug der Autobauer

So einfach die ersten Industrieroboter auch konstruiert waren, in der Automobilindustrie waren sie bald unverzichtbar. Die Roboter bewährten sich vor allem bei Arbeiten, die für Menschen schwer oder gefährlich sind, etwa beim Verschweißen von Karosserieteilen. Außerdem waren sie bald schneller und genauer als menschliche Arbeiter. Stärker sind sie natürlich auch. Noch dazu können einem Roboter bis zu 15 Achsen eingebaut werden, die ihn nach allen Seiten extrem beweglich machen. Nach dem Erfolg in den USA wurden ab 1970 auch in Deutschland die ersten Roboter in den Autofabriken eingesetzt.

Robotik wird einfacher

In den Laboren der Roboterhersteller entsteht bereits die nächste Generation, die sehr einfach zu bedienen ist. Die neuen Roboterarme sind nicht mehr hinter Schutzgittern verborgen, sondern arbeiten direkt mit dem Menschen zusammen. Die menschlichen Mitarbeiter machen dem Roboter einfach vor, was zu tun ist.

Nach dem Ende des Zweiten Weltkriegs entstanden ab 1945 Forschungsinstitute, die mit radioaktiven Stoffen experimentierten. Diese Stoffe sind aber sehr gefährlich, sodass man sie nicht anfassen kann. Daher entwickelten die Forscher mechanische Greifarme, sogenannte Manipulatoren, um hinter einer schützenden, dicken Glaswand mit den strahlenden Stoffen arbeiten zu können. Diese neue Technik brachte den amerikanischen Erfinder George Devol auf die Idee, aus dem Manipulator einen programmierbaren Roboterarm zu machen, den man auch in Fabriken einsetzen kann. 1956 gründete er die erste Firma für Industrieroboter, die ab 1961 im Automobilbau zum Einsatz kamen. Seitdem standen die Arbeiter nicht mehr allein an den Fließbändern.

Die Arme *lassen sich mit verschiedenen Aufsätzen von Werkzeugen und Sensoren ausstatten.*

Drehbare Gelenke *sorgen für eine große Bewegungsfreiheit der Roboterarme.*

Roboter schweißen eine Autokarosserie viel genauer und schneller zusammen als jeder Mensch.

➔ Rekord

1000 kg

Gewicht können manche Roboter heben – belastbare Kollegen auf der Baustelle!

Sicherer Abriss

Anstatt selbst den Meißel anzusetzen, steuert dieser Arbeiter lieber einen Roboter. Die Arbeit wird einfacher und sicherer.

Einsatz in fast allen Bereichen

Die Autoproduktion war nur der Anfang. Heute gibt es inzwischen eine unüberschaubare Vielzahl von Robotern, die in fast allen Fabriken zu finden sind – von der chemischen bis zur elektronischen Industrie. Im Jahr 2013 wurden weltweit rund 160 000 neue Roboter in Fabriken in Betrieb genommen. Insgesamt waren etwa 1,5 Millionen Industrieroboter im Einsatz. Dazu kommen noch etwa 17 Millionen Serviceroboter, die in Großküchen, Museen und Krankenhäusern oder im Verkauf arbeiten. Und da die Automatisierung weiter voranschreitet, wird sich diese Zahl in den nächsten Jahren noch deutlich erhöhen.

Für jede Arbeit, etwa das Hochheben eines Kartons, gibt es ein passendes Roboterwerkzeug.

Roboter im Handwerk

Seit einigen Jahren erobern die Roboter auch immer mehr kleinere, handwerkliche Betriebe. Ein Beispiel dafür ist Baxter, ein halb humanoider Roboter, der von dem Australier Rodney Brooks entwickelt wurde und seit 2012 in Serie gebaut wird.

Baxter ist ideal für kleine Betriebe geeignet, in denen immer wieder dieselben Handgriffe erledigt werden müssen. Der große Vorteil: Im Gegensatz zu den riesigen Industrierobotern braucht man für Baxter keinen Programmierer. Es reicht aus, seine Arme zu führen und ihm seine Arbeit einfach zu zeigen und vorzumachen. Baxter »merkt« sich die Bewegungen und kann sie nun immer wieder alleine wiederholen. Nähert sich ein Mensch, wird er immer langsamer, um niemanden zu verletzen. Roboter wie Baxter werden schon bald in vielen Betrieben zu finden sein.

➔ Schon gewusst?

Längst arbeiten Roboter auch auf der Baustelle mit. Sie glätten gegossenen Beton, streichen Fassaden oder montieren Deckenplatten. In den USA wurden sogar Roboter entwickelt, die aus einzelnen Steinen Wände errichten können.

Roboterlager sparen nicht nur Geld, sondern auch viel Platz.

Der Feldroboter lässt alle Salatköpfe stehen, die noch nicht groß genug sind, um geerntet zu werden.

Ganz genau

Die Roboter können sich absprechen und gemeinsam genau die richtige Menge Dünger aufbringen.

Schon gewusst?

Mehrere Roboter, die zusammenarbeiten und Daten austauschen, nennt man Schwarmroboter. Jeder einzelne Roboter hat nur begrenzte Möglichkeiten. Erst im Schwarm können sie ihre Aufgaben perfekt lösen – wie in einem Ameisenvolk.

Roboter auf Feld und Acker

In dem amerikanischen Science-Fiction-Film »Lautlos im Weltraum« von 1971 kümmern sich die drei Roboter Dewey, Huey und Louie liebevoll um die ihnen anvertrauten Pflanzen. Mit Schaufel und Gießkanne unterstützen sie im Glashaus eines Raumschiffs die Menschen als Gärtner. Was damals noch eine Vision war, ist heute längst Wirklichkeit. Ob im Kuhstall, im Gemüsefeld oder auf dem Rasen vor dem Haus: Überall werden Roboter eingesetzt. Den Rasen zu Hause mähen kleine, elektrische Roboterrasenmäher, die so leise arbeiten, dass sie auch nachts unterwegs sein dürfen. Ihr Chip achtet darauf, dass kein Stück vergessen wird und dass sie automatisch an die Ladestation fahren, sobald der Akku leer wird. Der Roboter schneidet immer nur so wenig von den Halmen ab, dass das gemähte Gras als Dünger auf dem Rasen liegen bleiben kann. Er braucht daher keinen Auffangbehälter.

Melkroboter für glückliche Kühe

Seit 1992 muss der Bauer seine Kühe nicht mehr selber melken – wenn er einen modernen Melkroboter hat. Eigentlich ist es ein ganzes Robotersystem, das sich um die Kühe im Stall kümmert. Es transportiert das Futter und reinigt den Boden. Die Kühe können sich frei bewegen und entscheiden selbst, wann sie gemolken werden. Dazu betreten sie eine besondere Station, in der ein Roboterarm unter die Kuh schwenkt. Sensoren erkennen die Zitzen, reinigen sie und setzen die Melkbecher auf. Nach dem Melken reinigt sich die Anlage automatisch. Sogar kraulen lassen können sich die Kühe! Das erledigt ein Roboterarm mit einer kreisenden Bürste. Der Landwirt kontrolliert die Vorgänge in seinem Stall am Monitor und greift nur ein, wenn es notwendig ist.

Futter aus dem Fütterroboter? Hauptsache, es schmeckt!

Ach ja, so eine kleine automatische Massage zwischendurch …

Käferkiller

Wie helfen Roboter in der Landwirtschaft?

Auch auf den Feldern arbeiten seit einigen Jahren die ersten Roboter. Noch sind sie nicht ausgereift, aber die ersten Maschinen zeigen, wohin die Entwicklung geht. Mit Sensoren und Kameras überwachen kleine fahrende oder laufende Roboter das Wachstum jeder Pflanze und halten Samen bereit, falls sie auf eine Lücke stoßen. Die Roboter tauschen dabei ständig Informationen aus, um keinen Bereich eines Feldes zu vergessen. Mit Fühlern messen sie die Bodenbeschaffenheit und fordern bei Bedarf Dünger oder Wasser an. Mit Zangen sammeln sie Schädlinge ein und jäten Unkraut. Sogar in Weinbergen werden diese neuartigen Schwarmroboter erprobt. Nähert sich die Erntezeit, können sie reife von unreifen Früchten unterscheiden. Auch auf dem Gemüsefeld lassen sie kleinere Salat- oder Kohlköpfe noch wachsen, die größeren nehmen sie schon mit. So helfen sie der Landwirtschaft, Energie und Zeit zu sparen und ökologisch ohne Pestizide zu arbeiten.

Tomatenernte

Ernteroboter müssen den Reifegrad einer Frucht genau feststellen können.

Im Labor werden die Greifer eines Ernteroboters getestet. Es darf keine Frucht beschädigt werden.

Rekord

600 Weinstöcke

kann der französische Weinbergroboter VIN (Vigne Intelligence Naturelle) an einem einzigen Tag kontrollieren und beschneiden. Das schafft kein Mensch!

Die Arbeit des Roboters haben bislang Menschen ausgeführt – in gebückter Haltung und auf den Knien.

Der Melkroboter behält den Überblick. Er registriert genau, welche Kuh schon gemolken wurde. Die Tiere werden über einen Funktransponder erkannt.

Scanner erkennen das Euter der Kuh und setzen die Melkbecher millimetergenau auf.

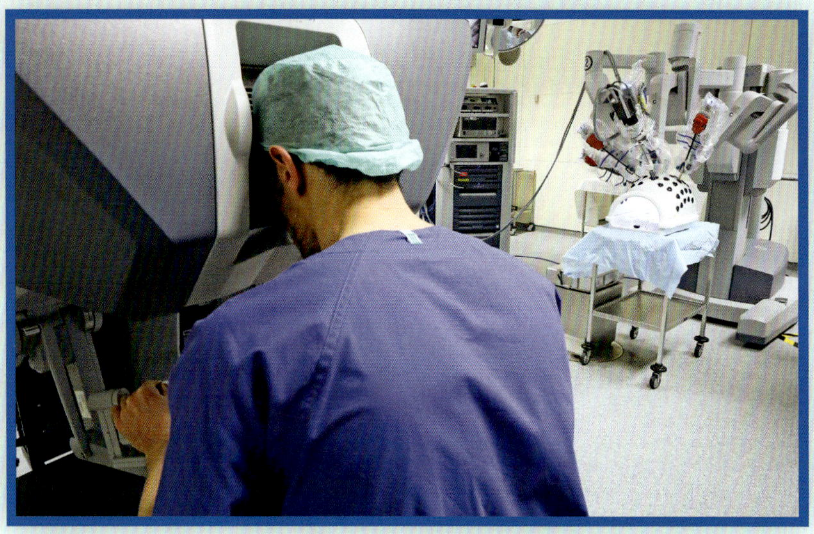

Der Chirurg leitet die Operation von einem Steuerungsgerät aus. Dabei sieht er ein dreidimensionales Bild des Operationsfelds. Die eigentliche Operation führt aber der Roboter Da Vinci durch.

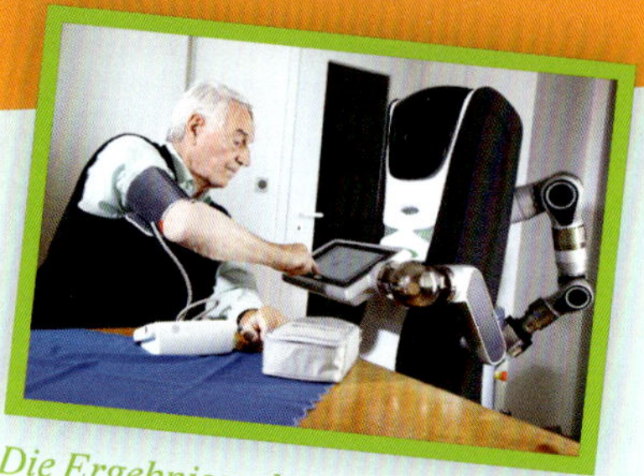

Die Ergebnisse des Blutdruckmessens werden direkt weitergeleitet.

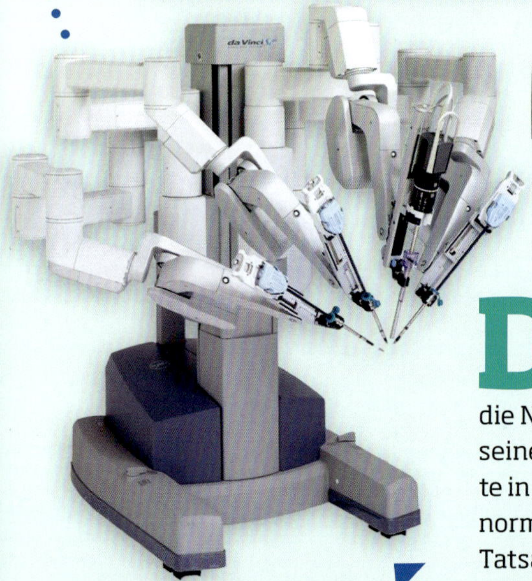

Da Vinci hat vier Arme mit chirurgischem Besteck, für das kleinste Öffnungen in der Haut ausreichen.

Mein Arzt, der Roboter

Der Patient liegt auf dem Operationstisch und ist bereit für den chirurgischen Eingriff. Während ein Arzt die Narkose überwacht, beginnt der Chirurg seine Arbeit. Präzise führt er die Instrumente in der Bauchhöhle. Eigentlich eine ganz normale Operation, abgesehen von der Tatsache, dass der Chirurg Da Vinci heißt und ein Roboter ist. Auf einem Monitor verfolgt der menschliche Chirurg den Eingriff und steuert die Bewegungen Da Vincis, der längst in vielen Krankenhäusern Operationen durchführt. Gegenüber Menschen hat er den Vorteil, niemals unkonzentriert zu sein. Er ist auch nach der zehnten Operation noch fit. Unverzichtbar ist jedoch, dass Mensch und Roboter als eingespieltes Team zusammenarbeiten.

Care-O-bot kann einem Patienten in Notsituationen helfen und zum Beispiel die Fragen eines Arztes übermitteln.

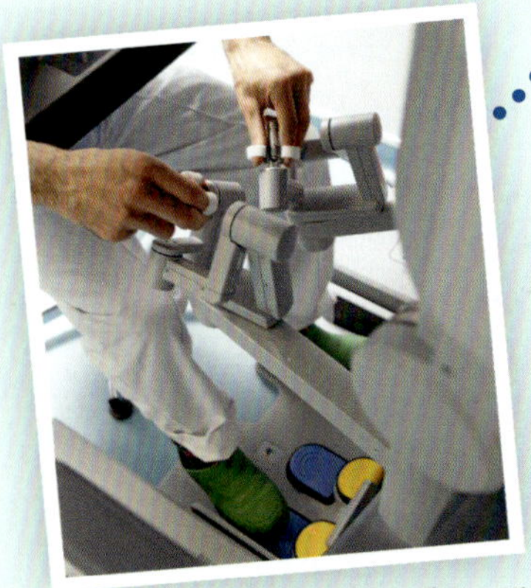

Mit diesen beiden Manipulatoren steuert der Chirurg die Arme des Roboters millimetergenau.

Pflege aus der Steckdose

Liegt der Patient wieder auf seinem Zimmer, erscheint ein weiterer Roboter. Es ist der in Stuttgart entwickelte Care-O-bot. Er bringt dem Patienten Getränke und nimmt Wünsche entgegen. Auch den Trinkbecher, der auf den Boden gefallen ist, hebt er mit seinem Greifarm auf und stellt ihn auf ein Tablett. Care-O-bot hat den großen Vorzug, niemals zu schlafen und jederzeit einsatzbereit zu sein. Andere Pflegeroboter können Patienten tragen und helfen bei der Wäsche oder beim Bettenmachen. Die Pfleger haben so mehr Zeit, mit den Patienten zu reden und auf ihre Sorgen einzugehen.

Mit dem Roboter auf eigenen Beinen stehen

Nachdem der Patient das Krankenhaus verlassen hat, ist er noch schwach und hat Probleme, sich auf den Beinen zu halten. Auch dafür gibt es eine Lösung, nämlich einen Roboteranzug, der die Muskeln und Knochen entlastet und die Bewegungen des Patienten unterstützt. Von diesem Roboteranzug namens HAL sind in Japan bereits mehr als 300 Exemplare im Einsatz. Sie helfen Gehbehinderten, sich wieder frei bewegen zu können. Der Anzug erfasst mit speziellen Sensoren die Signale, die das menschliche Gehirn an die Muskeln sendet, und setzt sie in Bewegungen um. Das Roboterskelett vollzieht also dieselben Bewegungen wie der Mensch. Auch alten Menschen und sogar Querschnittsgelähmten sollen Roboteranzüge in Zukunft helfen.

Paro, die Kuschelrobbe

Eine alte Frau leidet an Demenz und lebt daher in einem Pflegeheim. Ihr Gedächtnis lässt stark nach und sie hat Probleme, sich mit Menschen zu unterhalten. Ein Pfleger macht sie daher mit der Robbe Paro bekannt, einem Roboterhaustier, das sie auf den Arm nehmen und streicheln kann. Paro ist zwar kein echtes Tier, kann bei der Frau aber echte Gefühle hervorrufen, die ihr wiederum helfen, besser mit ihrem veränderten Leben umzugehen. Paro ist daher in vielen Heimen im Einsatz. Auch kranke Kinder lieben die kleine Robbe.

Unglaublich!

Forscher arbeiten daran, dass stark behinderte Menschen oder Querschnittsgelähmte Roboterarme und Computer allein mithilfe ihrer Gedanken steuern können. Sie brauchen dann nur an Durst zu denken – und schon reicht ihnen ein Roboterarm einen Trinkbecher.

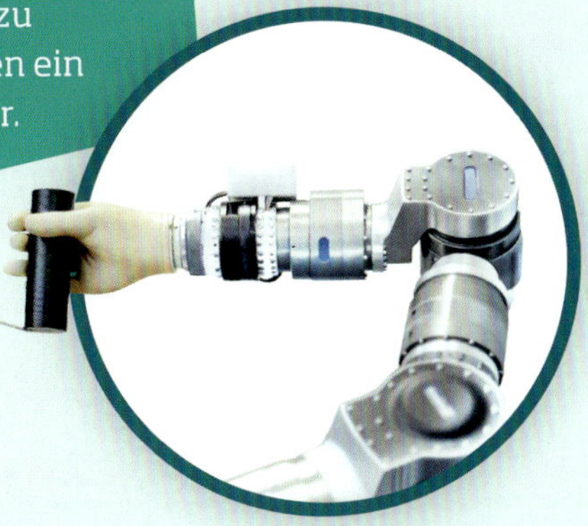

Ein Roboter kann gelähmten Menschen ein Stück Selbstständigkeit erhalten, indem sie nicht auf einen Pfleger angewiesen sind.

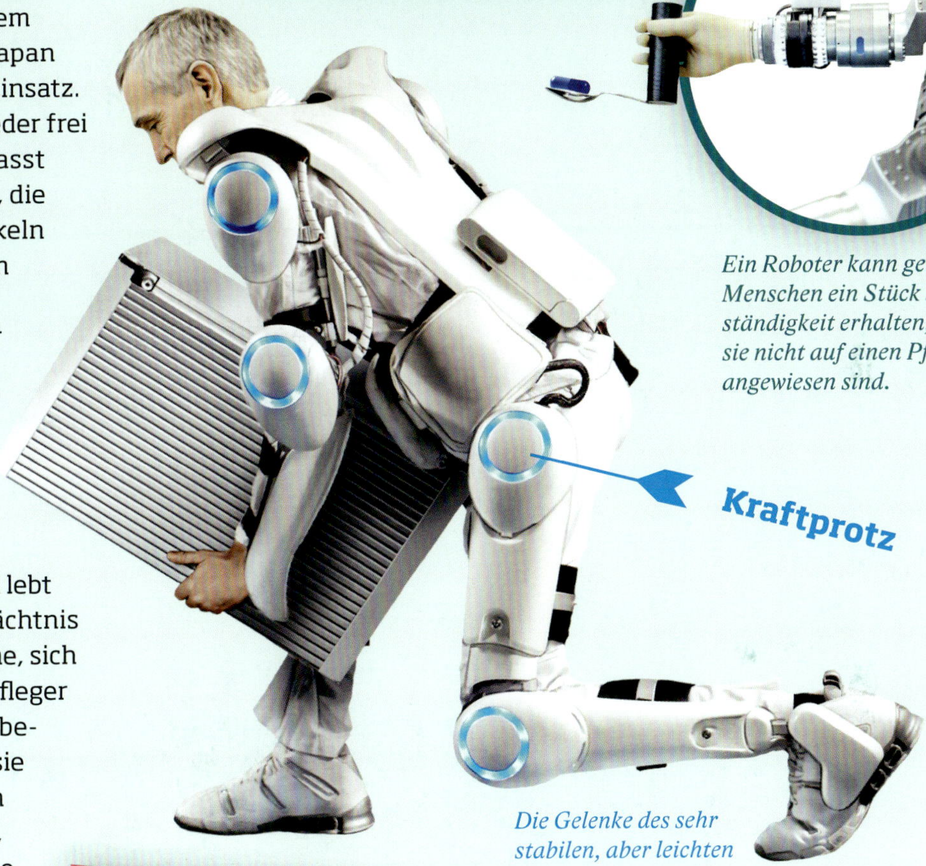

Kraftprotz

Die Gelenke des sehr stabilen, aber leichten Roboterskelettes entsprechen denen des Menschen.

Paro weckt Gefühle bei Menschen und hilft so bei der Heilung.

Paro

Schon gewusst?

Die Zahl älterer und pflegebedürftiger Menschen wird in Zukunft stark ansteigen. Es werden also auch immer mehr Pflegekräfte benötigt, die aber auf dem Arbeitsmarkt schwer zu finden sind. Roboter sind eine echte Chance, den zukünftigen Pflegenotstand zu beheben.

Die Sprühnase
OLE ist nicht nur eine Spürnase, die mit ihren Sensoren Brände aufspürt, sondern er kann auch Wasser versprühen.

Im Wald und im Unterholz ist ein Roboter auf sechs Beinen schneller und sicherer unterwegs als ein Fahrzeug mit Rädern.

Kommt ihnen das Feuer zu nah, rollen oder graben sich die Löschkäfer einfach ein.

Roboter als Retter

In einem Straßentunnel ist ein Lkw in Brand geraten. Trotz der Lüftungsanlage füllt sich der Tunnel schnell mit giftigem Rauch, der die Sicht behindert. Ein Einsatzort wie dieser ist für Feuerwehrmänner trotz perfekter Ausrüstung immer noch sehr gefährlich. Aber zum Glück haben sie LUF 60 dabei, einen Löschroboter.

Löschroboter können auch bei starker Hitze und gefährlichen Rauchgasen bis zum Brandherd vordringen.

Er fährt einfach durch den Rauch hindurch und schießt mit seiner Löschkanone mehrere Tausend Liter Wasser als feinen Sprühnebel auf den brennenden Lkw. Schon nach wenigen Minuten ist der Brand unter Kontrolle. Erst jetzt betreten die Feuerwehrmänner den Tunnel.

Künstliche Käfer

LUF 60 ist nicht der einzige Löschroboter. Längst wissen die Brandexperten, dass Roboter unterschiedlicher Bauart an Orten eingesetzt werden können, die für Menschen wortwörtlich brandgefährlich sind. Dazu gehört auch der Wald, denn Waldbrände sind besonders schwer zu bekämpfen.

Schon gewusst?

Auch an Stränden werden schon bald Roboter eingesetzt, um Menschen zu retten. Verschiedene Firmen arbeiten an Drohnen, die in Seenot geratene Menschen aufspüren und direkt über ihnen Rettungsringe abwerfen können. Die Drohnen sind schneller als jeder Rettungsschwimmer.

Damit in Zukunft weniger Feuerwehrleute ihr Leben riskieren müssen, hat die Hochschule Magdeburg-Stendal OLE entwickelt. OLE (Offroad-Löscheinheit) sieht aus wie ein Käfer und bewegt sich auf sechs Beinen. Mühelos findet er seinen Weg auch durch dichtes Unterholz. Seine Hitzesensoren spüren jedes Feuer auf und beginnen sofort mit dem Löschen. In seinem Tank befindet sich zwar nicht viel Wasser, doch ein OLE ist nie allein unterwegs. Er ruft einfach seine Brüder zu Hilfe, die ihn tatkräftig unterstützen. Und wird es doch einmal zu heiß, graben sich die künstlichen Käfer im Boden ein oder rollen sich zu einer feuerfesten Kugel zusammen.

Wo liegen die Verschütteten?

Ein Erdbeben hat viele Häuser zum Einsturz gebracht. Sofort beginnen Rettungskräfte mit der Suche nach Verschütteten. Doch immer wieder bebt die Erde und bringt die Helfer in Gefahr. Nur ganz langsam können sie sich durch die Trümmer graben. Unterstützt werden sie dabei von Hunden. Und seit einiger Zeit auch von Robotern. Etwa von dem Bergungsroboter Telemax, der Sensoren hat, mit denen er Opfer aufspüren kann. In der Luft kreisen Drohnen, die Verschüttete aufgrund ihrer Körperwärme erkennen können. Miniroboter können durch Ritzen kriechen, die selbst für Hunde viel zu klein sind.

In der Strahlenhölle

Aber es gibt noch viel gefährlichere Orte. Nach einer Reaktorkatastrophe wie 2011 in Fukushima in Japan wäre es für Menschen tödlich gewesen, die Anlage zu betreten. Damals haben Roboter gefehlt. Doch inzwischen hat die japanische Firma Toshiba Roboter entwickelt, die für den Einsatz in Fukushima perfekt ausgestattet sind. Sie sollen nun in den zerstörten Reaktor eindringen und dort dringend benötigte Informationen sammeln. Bewähren sie sich, kann man sie auch in anderen Katastrophenfällen einsetzen.

Roboter können auch einer Schlange ähneln. So können sie sich leichter durch Trümmer bewegen und nach Opfern suchen.

Wie eine Spinne krabbelt dieser Roboter durch die Trümmer eines eingestürzten Hauses und sucht nach Verschütteten.

Bergungsroboter wie Telemax müssen schwierige Hindernisse überwinden und natürlich auch Treppen hinaufsteigen können.

Rekord

46 km/h

schnell lief die Roboterkatze Cheetah 2012 und war damit schneller als der Sprintweltmeister Usain Bolt.

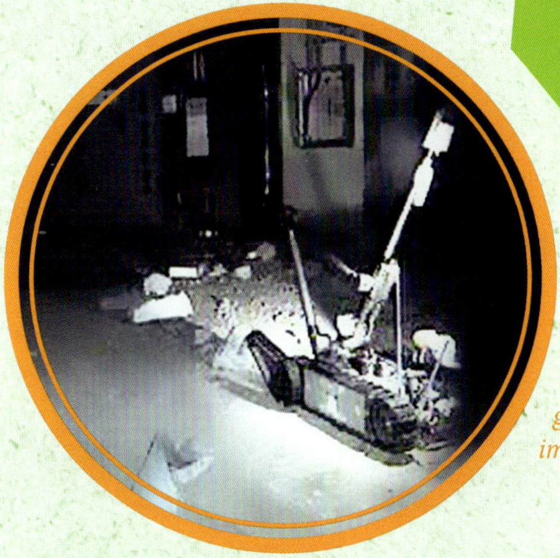

Nach der Katastrophe von Fukushima wurden Roboter in den beschädigten Reaktor geschickt, um die Radioaktivität im Gebäude zu messen.

Von Packeseln und Drohnen

Im Kopf des Roboters befinden sich Kameras, Scanner und Sensoren.

Soldaten durchqueren hügeliges und bewaldetes Gelände. Es gibt weder Straßen noch Feldwege. Die Soldaten kämpfen sich zu Fuß durch die Wildnis. Aber dennoch müssen sie ihre Ausrüstung nicht selbst tragen, sondern können sich frei und ohne hinderliches Gepäck bewegen. Zwar können in dem Gelände keine Autos fahren oder Hubschrauber landen, aber vierbeinige Lastenroboter sind hier durchaus flink unterwegs.

Roboter auf vier Beinen

Die mechanischen Packesel von der Größe eines Pferdes gehorchen aufs Wort und folgen den Soldaten mit jeweils über 180 Kilogramm Gepäck und Ausrüstung. An einem Tag kann ein Lastenroboter wie LS3 bei sechs Stundenkilometern etwa 32 Kilometer zurücklegen und dabei auch große Steigungen überwinden. Er erkennt sogar Hindernisse und umgeht sie selbstständig. Und sollte der Packesel einmal stürzen, steht er von alleine wieder auf.

Wie können Roboter helfen?

Roboter können in Kriegsgebieten Leben retten, wenn sie nach Minen suchen und sie entschärfen, ohne dass dabei ein Menschenleben in Gefahr gerät. Ausgestattet mit Kameras, wärmeempfindlichen Sensoren und künstlichen Nasen spüren sie Dinge auf, die einem menschlichen Kameraden verborgen bleiben.

Hubschrauber allein unterwegs

Unbemannte Flugzeuge wie der K-Max-Hubschrauber sind besonders schnell vor Ort. Er versorgt Soldaten in abgelegenen Gebieten mit Nachschub. Knapp 3 000 Kilogramm Ladung kann ein K-Max transportieren. Im Tiefflug erreicht er sein Ziel und ist nur sehr schwer ausfindig zu machen, denn die Maschine ist kleiner als ein bemannter Hubschrauber. Roboterflugzeuge wie K-Max sind schon längst keine Besonderheit mehr.

Schon gewusst?

Lastenroboter wie LS3 können sich in jedem Gelände bewegen, in dem Soldaten unterwegs sind. Mithilfe von Kamerabildern folgen sie den Soldaten automatisch – ganz ohne Fahrer. Sie haben genügend Treibstoff für einen 24-Stunden-Marsch dabei.

Drohnen erobern die Luft

Drohnen sind wohl die bekanntesten militärischen Roboter. Die amerikanische Aufklärungsdrohne Global Hawk ist ein riesiges unbemanntes Flugzeug. Sie kann aus 20 Kilometern Höhe die Bewegungen des Feindes beobachten. Mit einer Flügelspannweite von fast 40 Metern ist das Düsenflugzeug so groß wie ein kleiner Jet.
Eine neuere Entwicklung ist die X-47B, ein ebenfalls unbemanntes Kampfflugzeug.
Im Juli 2013 ist es erstmals gelungen, dieses unbemannte Flugzeug per Fernsteuerung auf einem Flugzeugträger starten und landen zu lassen – ein sehr schwieriges Manöver auf einem schwankenden Schiff!
Natürlich benötigen auch Drohnen Piloten, denn nicht alle Funktionen werden von Bordcomputern automatisch ausgeführt.
Diese Piloten sitzen allerdings nicht im Cockpit, sondern vor Monitoren in besonderen Kontrollstationen. Sie fliegen die Drohnen, als seien sie selbst an Bord.

Drohnen sind umstritten. Auf der einen Seite schützen sie das Leben der Piloten, die im Kontrollzentrum in Sicherheit sind. Andererseits sind Drohnen nicht immer zielgenau, sodass bei Angriffen auch unschuldige Menschen getötet werden können. Die Forschung geht weiter. Das Ziel ist es, möglichst viele gefährliche Aufgaben in einem Krieg Robotern zu überlassen.

Kleine Drohnen, die langsam, tief und fast geräuschlos fliegen, eignen sich sehr gut für Erkundungsflüge und Aufklärungsaufgaben über feindlichem Gebiet.

Global Hawk ist derzeit das größte unbemannte Militärflugzeug der Welt.

Ein Pilot steuert eine Drohne. Sein Cockpit kann sich überall auf der Welt befinden.

Bombenanschläge gehören heute leider zum Kriegsalltag. Oft folgt gleich ein zweiter Anschlag, der dann die Retter trifft. Spezielle Roboter sollen in Zukunft die Lage klären und die Opfer bergen, ohne weitere Menschen zu gefährden.

Seit 2013 können unbemannte Flugzeuge wie die X-47B sogar von Flugzeugträgern aus starten und auch wieder dort landen.

Ein Militärroboter untersucht und versorgt das Opfer eines Anschlags bei einer Übung.

Die Robotersonde Hayabusa landet auf dem Asteroiden Itokawa, um dort selbstständig Bodenproben zu entnehmen.

Raumsonden und Rover

Am 20. Juli 1969 hatte die Sowjetunion den Wettlauf zum Mond verloren, denn der Amerikaner Neil Armstrong betrat an diesem Tag als erster Mensch den Mond. Doch schon etwa ein Jahr später, am 17. November 1970, meldeten sich die Entwickler aus der Sowjetunion zurück. Zwar betrat kein russischer Kosmonaut den Mond, dafür aber rollte der erste Rover über den grauen Boden des Mondes. Lunochod 1 ist ein 2,2 Meter langes, 1,6 Meter breites und 1,35 Meter hohes Roboterfahrzeug mit acht Rädern. Ein Team aus fünf Männern war notwendig, um den Rover über den Mond zu manövrieren. Seine Aufgabe bestand darin, Bodenproben zu untersuchen und die Strahlung zu messen. Außerdem nahmen die Kameras mehr als 20 000 Fotos auf. Obwohl Lunochod 1 nur drei Monate arbeiten sollte, hielt der Rover elf Monate durch und legte mehr als zehn Kilometer zurück, bevor die Batterien erschöpft waren. Die Mission war so erfolgreich, dass die Sowjetunion 1973 Lunochod 2 folgen ließ.

Ein idealer Arbeitsplatz für Roboter

Noch ist es nicht möglich, Astronauten zu den fernen Planeten zu schicken. Die Raumschiffe wären viele Jahre unterwegs und bräuchten Unmengen an Treibstoff und Vorräten. Außerdem gibt es im All gefährliche Strahlung. Daher schickten Weltraumforscher von Anfang an Robotersonden ins All, die keinen Sauerstoff und keine Nahrung benötigten. Besonders erfolgreich ist Voyager 1, die 1977 in den USA gestartet wurde. Sie hat die großen Gasplaneten Jupiter und Saturn und deren Monde erforscht. Mittlerweile hat sie das Sonnensystem verlassen. Keine Sonde hat sich bislang so weit von der Erde entfernt. Da ihre Batterien noch bis 2025 Energie liefern, wird Voyager 1 bis dahin Messdaten aus dem All übermitteln.

Hayabusa besucht Itokawa

Itokawa ist ein nur etwa 600 Meter langer Asteroid, der in einer engen Bahn um die Sonne kreist und dabei die Erdbahn kreuzt.

Spirit
landete 2004 auf dem Mars und führte dort zahlreiche Untersuchungen, Bohrungen und Messungen durch. 2010 brach der Kontakt zum Rover leider ab.

Sojourner
landete 1997 auf dem Mars. Der nur 10,6 kg schwere Rover machte 550 Fotos.

Voyager 1
hat im August 2012 unser Sonnensystem verlassen und fliegt nun im interstellaren Raum.

Die Wissenschaftler wollten mehr über diesen Himmelskörper wissen. 2003 starteten japanische Forscher daher die Robotersonde Hayabusa, die 2005 den Asteroiden erreichte. Aber die Sonde machte nicht nur Fotos und führte Messungen durch, sie landete auch auf Itokawa und sammelte Bodenproben von der Oberfläche. Dabei konnte sie nicht ferngesteuert werden, sondern musste automatisch arbeiten. Mit den Bodenproben kehrte die Sonde 2010 zur Erde zurück.

Mission zum Mars

Nicht viel größer als ein Schuhkarton war der amerikanische Sojourner, der 1997 auf dem Mars landete. Drei Monate lang machte er Fotos. 2004 folgten die beiden mehr als doppelt so großen, baugleichen Rover Spirit und Opportunity. Während Spirit 2011 ausfiel, ist Opportunity noch immer auf dem Mars unterwegs und sammelt Daten. So groß wie ein Auto ist der Rover Curiosity, der seit 2012 auf dem Mars unterwegs ist. Wie die anderen Rover wird auch er nur zum Teil von der Erde aus ferngesteuert.

Angeberwissen

- Lange hielt Lunochod 2 den Streckenrekord. Er war von allen Rovern am weitesten gefahren.
- Doch 2014 hat ihn nun der amerikanische Marsrover Opportunity übertroffen. Nach mehr als zehn Jahren hat er auf dem Mars über 40 Kilometer zurückgelegt.

Curiosity
fährt seit 2012 auf dem Mars umher, macht hochauflösende Fotos und erkundet sogar Krater. Aufgrund seiner Größe kann der Rover auch größere Entfernungen schnell zurücklegen.

Mit einem riesigen Roboterarm können Astronauten Module der Internationalen Raumstation ISS bewegen.

Rekord
61 000 km/h
Mit dieser Geschwindigkeit entfernt sich Voyager 1 von der Erde. Schneller war bisher noch kein anderes Fahrzeug.

Alpha Centauri
In etwa 77 000 Jahren würde Voyager 1 das nächstgelegene Sternsystem Alpha Centauri erreichen.

Unter Wasser

Der amerikanische Meeresforscher Robert Ballard wollte 1985 ein altes Rätsel lösen und endlich das Wrack des 1912 gesunkenen Passagierdampfers »Titanic« finden. Die ungefähre Lage war zwar bekannt, doch in einer Wassertiefe von 3800 Metern sind Wracks sehr schwer aufzuspüren. Selbst militärische U-Boote erreichen solche Tiefen nicht, von Tauchern ganz zu schweigen. Also entschied sich Ballard für einen Tauchroboter.
Mit Messgeräten und Kameras bestückt wurde die 4,5 Meter lange Argo mittels eines Kabels von Bord eines Forschungsschiffes aus ferngesteuert. Am 1. September 1985 beleuchtete der Scheinwerfer des Roboters schließlich einen riesigen Rumpf. Die Titanic war gefunden!

Roboter reparieren Bohrinseln

Argo gehört zu den Tauchrobotern, die über Kabel versorgt und ferngesteuert werden. Diese ROVs (Remotely Operated Vehicles) werden vom Militär ebenso eingesetzt wie von der Forschung – oder zum Beispiel bei der Reparatur von Bohrinseln. Meistens bestehen die ROVs aus einem Gerüst aus Stahlrohren, an dem Elektromotoren, mehrere Propeller, Scheinwerfer, Kameras und Greifarme angebracht sind. Jeder Einsatz erfordert eine spezielle Ausrüstung. ROVs können auch bei stürmischer See tauchen und Pipelines am Meeresboden schweißen oder nach Bruchstellen suchen. Meeresarchäologen setzen ROVs ein, um in großen Tiefen nach versunkenen Schiffen zu suchen und Gegenstände zu bergen.

Die Reise zur Verlorenen Stadt

Mitten im Atlantik liegt das Atlantis-Massiv, ein Gebirge, dessen Gipfel sich etwa 700 Meter unter der Wasseroberfläche befinden.

Hercules

Das ROV Hercules bei der Arbeit. Mit seinen Messgeräten und Greifarmen untersucht er den Meeresboden.

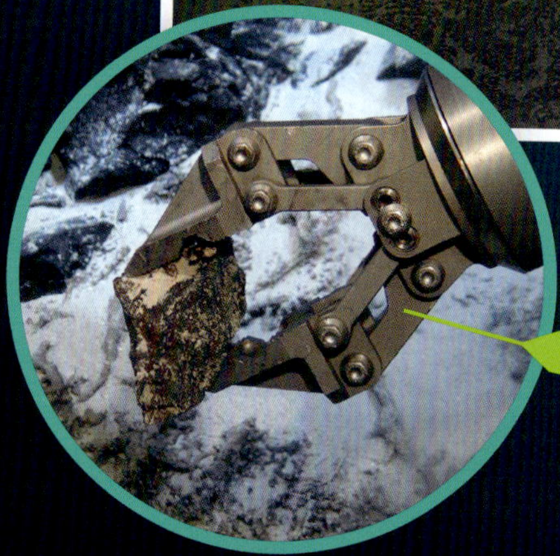

Greifhand

Roboter als Unterwasserforscher

Tauchroboter wie Hercules sind perfekt ausgerüstet, um Unterwasserwelten zu erforschen. Mit ihren Greifarmen können sie gezielt zugreifen und wertvolle Fundstücke oder Bodenproben aufsammeln und an Land bringen.

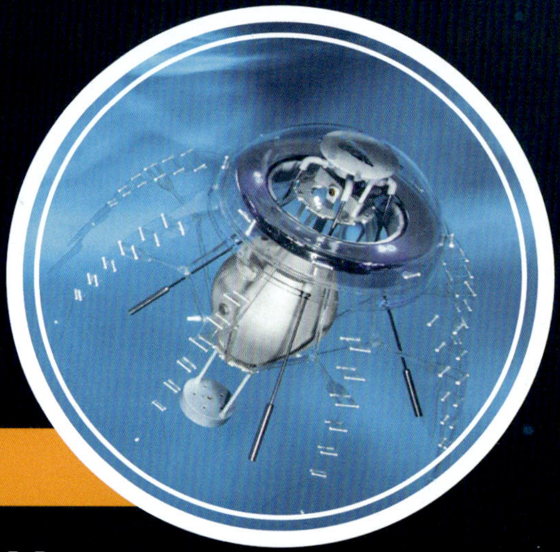

Funny Fact

Wie eine Qualle im Wasser

Ein echtes Tier? Nein, hier ist ein Roboter unterwegs. Er bewegt sich allerdings sehr ähnlich wie sein Vorbild aus dem Tierreich: Sogar die Tentakel und der Rückstoßantrieb sind den echten Quallen nachempfunden.

Abyss
Das AUV trägt im Bug verschiedene Ortungsgeräte, zu denen auch ein Sonar zählt. So kann sich der Roboter nicht nur orientieren, sondern auch Objekte auf dem Meeresboden aufspüren.

Dort liegt die »Lost City«, die »Verlorene Stadt«. Sie besteht aus bis zu 60 Meter hohen Kaminen aus Kalk, die heiße Quellen gebildet haben. Das Wasser ist fast kochend heiß. Kein Mensch hat diese natürliche »Stadt« bislang betreten. Dafür aber Hercules, ein für die Forschung gebauter ROV. 2005 besuchte der gelbe Tauchroboter die bizarren Gebilde in der Tiefe und brachte sensationelle Fotos mit. Mit seinen Greifarmen brach er Gesteinsproben von den Kaminen ab und brachte sie an die Oberfläche. Ohne Hercules wäre die Erforschung von »Lost City« nicht möglich gewesen.

Odyssey allein unter dem Eis

Nicht immer können Forscher mit einem ROV arbeiten, da das Versorgungskabel die Arbeit behindern kann. Für diese Missionen gibt es die AUVs (Autonomous Underwater Vehicles). Diese Tauchroboter sind selbstständig unterwegs. Besonders erfolgreich ist der amerikanische Odyssey, der etwa in der Arktis eingesetzt wird, um Eisberge von unten zu erforschen. Selbst in schmale Spalten kann der etwa drei Meter lange Roboter eindringen und Meerestiere fotografieren, die im Eis leben. Andere Tauchroboter erkunden automatisch die Tiefsee, ermitteln Salzgehalt und Temperatur und tauchen nur alle paar Wochen auf, um die Daten an einen Satelliten zu senden. Manche AUVs können dank besonderer Antriebe mehrere Monate unterwegs sein und eigene Entscheidungen treffen, um etwa Hindernissen auszuweichen. Eines der modernsten AUVs ist das Mini-U-Boot Abyss, das 2008 in den USA entwickelt wurde. Der vier Meter lange Tauchroboter kann 6 000 Meter tief tauchen und dabei bis zu 100 Kilometer zurücklegen. Er hat sich schon bei Forschungseinsätzen, aber auch bei der Suche nach vermissten Schiffen und Flugzeugen bewährt. Zum Einsatzort bringt ihn ein Forschungsschiff.

Angeberwissen

- Das japanische ROV Kaiko erreichte 1995 im Marianengraben im Pazifik die tiefste Stelle der Erde: eine sagenhafte Tiefe von 10 911 Metern!

AUV
Ein AUV ist ohne Kabel unterwegs und wird auch nicht immer ferngesteuert, sondern findet selbsttätig seinen Kurs.

ROV
Ein ROV wird von einem Schiff aus über ein Kabel ferngesteuert. Auf einem Monitor können die Videobilder des Roboters verfolgt werden.

Antarktis, Wald und Wüste

Eine Forschungsdrohne wird startklar gemacht. Sie liefert Bilder von oben und führt Temperaturmessungen durch. Die Daten übermittelt sie per Funk.

Die Erforschung der Antarktis ist bis heute eine echte Herausforderung. Die Wissenschaftler haben es nicht nur mit extrem tiefen Temperaturen zu tun, sondern auch mit sehr großen Entfernungen. Schließlich ist Antarktika ein ganzer Kontinent. Seit dem Jahr 2000 setzen die Forscher daher verstärkt auf Roboter. Besonders beliebt sind Drohnen aller Art. Ihre Messgeräte und Radaranlagen können zum Beispiel die Dicke von Eisschichten ermitteln. Der Vorteil der Flugroboter besteht vor allem darin, in sehr geringer Höhe von rund 100 Metern und zudem sehr langsam zu fliegen.

Grover im ewigen Eis

Die amerikanische Luft- und Raumfahrtbehörde NASA hat mit Grover einen Roboter entwickelt, der vollkommen selbstständig in den Polargebieten unterwegs sein könnte. Den großen Test in Grönland hat Grover jedenfalls schon mit Bravour bestanden. Der mit Solarzellen betriebene Roboter findet seinen Weg über das Eis alleine und kann so vollkommen automatisch Klimadaten sammeln – in einer der unwirtlichsten Klimazonen der Erde.
Der Forschungsroboter untersucht die Eis- und Schneeschichten, die er gerade überquert, und übermittelt die Daten in Echtzeit an das Forschungszentrum.

Mit dem Wind übers Eis

Eine andere Lösung, sich über das Eis zu bewegen, hat die NASA mit Tumbleweed entwickelt. Tumbleweed ist ein großer Ball, der mit Elektronik und Messgeräten gefüllt ist. Als Antrieb dient der Wind, sodass Tumbleweed keinen Motor benötigt. Selbst große Steigungen sind für den Ballroboter, den es von zwei bis sechs Metern Durchmesser gibt, kein Problem. Soll er einmal anhalten, um einen Ort länger unter die Lupe zu nehmen, lässt der Ball einfach etwas Luft ab und bleibt schlaff liegen. Tumbleweed hat bereits Grönland überquert. Als Nächstes steht die Antarktis auf dem Programm. Aber die Pläne reichen noch weiter, denn Tumbleweed soll auch auf dem Mars eingesetzt werden. Dank der Marswinde könnte er dort nämlich wesentlich schneller unterwegs sein als ein Marsrover.

Schon gewusst?

Durch den Klimawandel ziehen sich die riesigen Gletscher der Antarktis zurück. Auch die großen Eisfelder vor der Küste tauen langsam ab. Für Klimaforscher ist es daher sehr wichtig, möglichst viele Daten über die Temperaturveränderungen zu erhalten. Dabei können Roboter und Drohnen helfen.

Grover bei einem Testlauf. Schon bald wird er Wege durch das Eis suchen und Messungen durchführen.

Wie sieht der Weg vor dem Forschungsschiff aus? Eine Drohne soll für Aufklärung sorgen.

Künstliche Insekten wie diese Libelle können sich unauffällig bewegen. Sie stören die Tierwelt nicht.

Orang-Utans leben nur noch auf den Inseln Sumatra und Borneo in Südostasien.

Auch kleine Drohnen können wichtige Forschungsergebnisse liefern – zum Beispiel aus dem Dschungel.

Wie viele Orang-Utans gibt es noch?

Das möchten viele Zoologen wissen. Sie schicken daher regelmäßig Drohnen über die Regenwälder Indonesiens. Ihren Infrarotkameras entgeht keiner der seltenen Menschenaffen. Mit der neuen Technik können die Orang-Utans endlich zuverlässig gezählt werden. Ebenso zuverlässig sind Pflanzroboter, die mit Setzlingen bestückt auf vier Beinen durch den Wald laufen und an geeigneten Stellen neue Bäume pflanzen. Vor allem nach Sturmschäden und Waldbränden können sie die Förster tatkräftig unterstützen.

Auf Spinnenbeinen durch die Wüste

An der Technischen Universität Berlin wurde Tabbot entwickelt: die Roboterspinne. Ihr Vorbild ist eine Wüstenspinne, die eine besondere Art der Fortbewegung entwickelt hat. Statt zu laufen, rollt und springt sie über den Sand. Tabbot ahmt diese Bewegungen nach und ist so bestens geeignet, in unzugänglichen Gebieten Informationen zu sammeln. Sie könnte auch in der Landwirtschaft helfen – oder auf dem Mars.

Die Flickflack-Spinne mit ihren sonderbaren Sprüngen wurde erst 2013 in Marokko entdeckt.

Angeberwissen

- Marsrover und Roboter für zukünftige Marsmissionen werden oft in Wüsten getestet. Denn dort sind die Bedingungen ganz ähnlich wie auf dem Mars. Umgekehrt können Marsroboter auch zur Erforschung von Wüsten eingesetzt werden.

Kein Trick!
Die Trompete ist echt und wird von dem Roboter auch tatsächlich gespielt. Die Musik kommt also nicht von einem Chip oder einer CD.

Musizieren
ist eine typisch menschliche Fähigkeit. Daher reizt sie die Robotiker auch ganz besonders, denn sie haben es genau auf die Nachahmung dieser typisch menschlichen Fähigkeiten abgesehen. Der Roboter soll dem Menschen möglichst ähnlich sein.

Angeberwissen

▶ Humanoide Roboter, die Menschen zum Verwechseln ähnlich sehen, werden Androiden genannt. Das Wort stammt aus dem Griechischen und bedeutet »Gestalt mit dem Aussehen eines Mannes«.

Mein Roboter und ich

Roboter können ganz unterschiedlich aussehen und sehr verschiedene Aufgaben übernehmen. Als Drohnen können sie fliegen, als AUVs tauchen. Industrieroboter haben keine Körper, sondern nur lange Arme mit mehreren Gelenken. Die Form richtet sich also nach der Funktion, die ein Roboter ausüben soll. Solche Roboter, wie sie zum Beispiel in der Automobilindustrie gebraucht werden, sind heute nicht mehr schwer zu konstruieren.
Weitaus schwieriger ist es, humanoide, also menschenähnliche Roboter zu bauen, denn hier muss die gesamte Technik menschlichen Maßen und Fähigkeiten entsprechen. Dennoch wurden 2014 rund 400 verschiedene humanoide Roboter von Universitäten oder Firmen entwickelt. Der Reiz, einen künstlichen Menschen zu bauen, ist einfach zu groß.

Laufen ist gar nicht so einfach!

Eines der vielen Probleme, die beim Bau eines humanoiden Roboters gelöst werden müssen, ist das Laufen. Dabei muss sich der gesamte Körper des Roboters ganz ähnlich wie der Körper eines Menschen bewegen und immer die Balance halten. Und das ist gar nicht so leicht! Ab 1970 haben sich Forscher intensiv mit diesem Problem befasst und es nach vielen Versuchsmodellen um 1985 auch geschafft. Doch erst seit 2004 können humanoide Roboter wirklich gut und sicher laufen. Der Toyota Walking aus Japan kann sehr gut laufen, aber er kann noch mehr: Der 1,20 Meter große Roboter bewegt sich sicher auf zwei Beinen über den Boden, greift sich eine ganz normale Trompete und beginnt zu spielen. Dahinter verbirgt sich kein Trick, denn er hat künstliche Lippen, die denen eines Menschen perfekt nachempfunden sind. Er spielt also wirklich. Nicht nur Trompete, sondern auch andere Instrumente.

Auch Sport ist »typisch Mensch« und wird daher oft von Robotern, hier HOAP, nachgeahmt.

Den Roboter NAO gibt es seit 2006. Er spricht verschiedene Sprachen, kann tanzen und Fußball spielen.

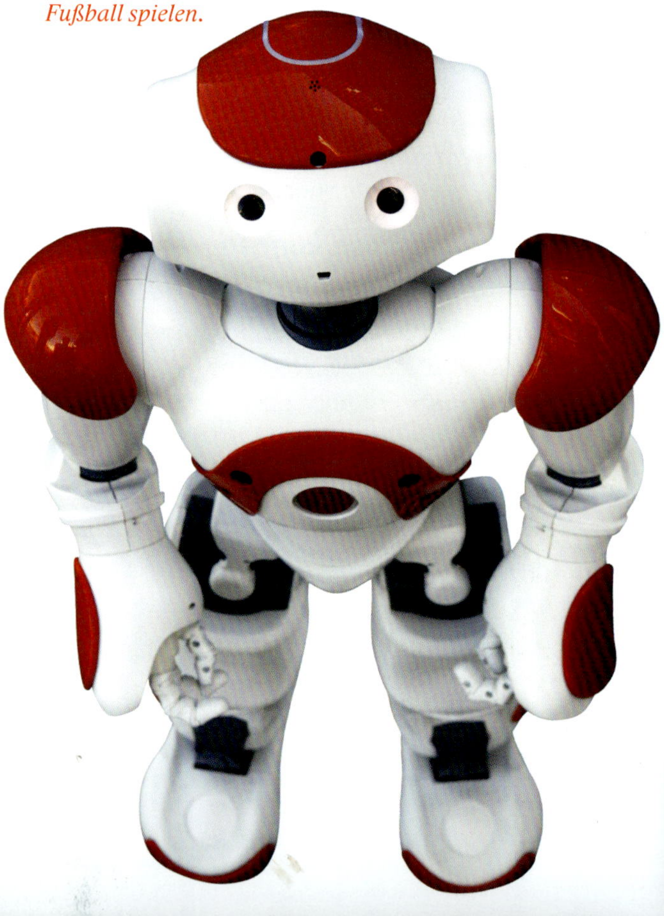

Androiden können einem Menschen zum Verwechseln ähnlich sein. Längst ist es nicht mehr so leicht, beide auf Anhieb voneinander zu unterscheiden.

Professor Henrik Schärfe und sein Roboter-Avatar, den er sogar für Vorlesungen ferngesteuert in die Universität schickt.

Von Robotern lernen

Kleiner als der Toyota ist HOAP, ein nur 48 Zentimeter großer Roboter. Auch er kann sehr gut laufen, besitzt aber auch ein gutes Fingerspitzengefühl, mit dem er Bleistifte und andere Dinge aufheben kann. Auch mit einem Ball kann er umgehen. Beide Roboter begeistern immer wieder ihr Publikum auf Messen, haben jedoch auch eine ernste Aufgabe. Sie dienen den Entwicklern dazu, mehr über Roboter und das Verhältnis der Menschen zu ihnen zu erfahren. Dabei stellen die Forscher immer wieder fest, dass viele Menschen Roboter schnell als Partner ansehen und sich vorstellen können, sie als eine Art Diener oder Servicekraft in ihren Haushalt aufzunehmen. Und genau das ist auch eines der Ziele der Roboterfirmen.

Wie menschlich können Roboter sein?

Humanoide Roboter können heute laufen, tanzen, Fußball spielen, Treppen steigen, sprechen, singen, eine Spülmaschine ein- und wieder ausräumen, schwimmen und sogar Fahrrad fahren. Einige von ihnen, etwa HRP-4C, haben sogar ein richtiges Gesicht, mit dem sie die menschliche Mimik nachahmen können. HRP-4C ist so menschenähnlich, dass das Robotermädchen auf Messen oft nicht sofort als Maschine erkannt wird. An diesem Modell wird deutlich, wie unsere Roboter in Zukunft aussehen könnten.

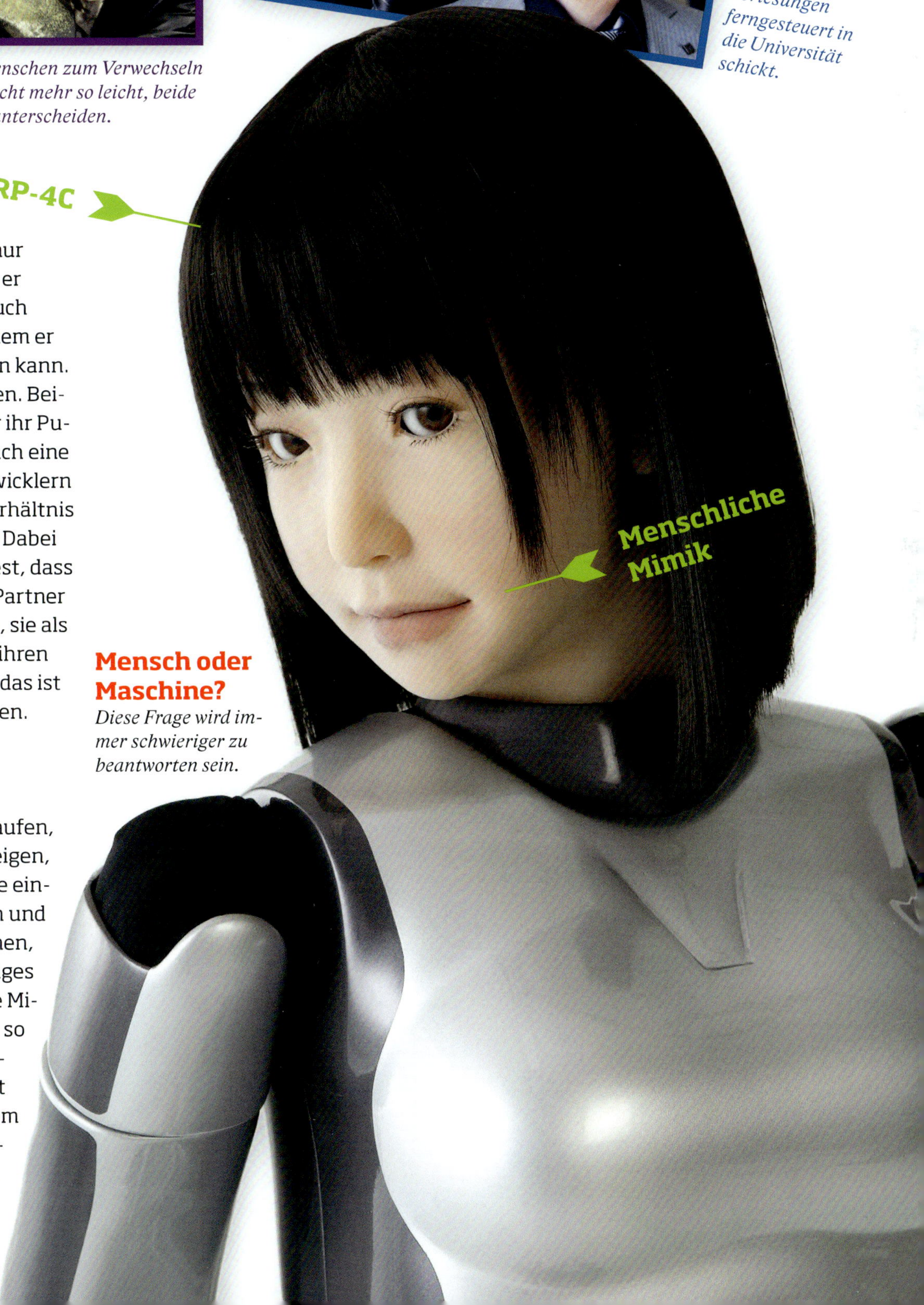

Mensch oder Maschine?
Diese Frage wird immer schwieriger zu beantworten sein.

Kannst du mir mal helfen?

Nachdem ihre Kinder und Enkel wieder gegangen sind, blickt Frau Meier über einen Küchentisch voll mit schmutzigem Geschirr. Früher hätte sie eine Stunde gebraucht, um alles abzuräumen. Aber heute hat sie einen Armar 3, einen Haushaltsroboter, den das Karlsruher Institut für Technologie entwickelt hat. Armar 3 läuft nicht, sondern hat ein sehr bewegliches Fahrgestell. Ansonsten sieht er aus wie ein humanoider Roboter. Kaum hat ihm Frau Meier erklärt, was er zu tun hat, räumt Armar 3 das Geschirr in die Spülmaschine. Später stellt er das saubere Geschirr zurück in die Küchenschränke.
Er ist der erste Roboter, der diese schwierige Aufgabe bewältigt. Wie er das schafft? Armar 3 hat einen 3-D-Flächen-Laserscanner, mit dem ein dreidimensionales Bild von der Küche errechnet wird. Auf den Millimeter genau findet sich der Roboter zurecht und kennt jede Tasse und jedes Glas.

Hilfe kann man überall brauchen

Nicht nur Frau Meier ist froh, dass sie einen Roboter zur Verfügung hat, der ihr unangenehme Arbeiten abnimmt. Auch die Astronauten auf der Internationalen Raumstation ISS freuen sich auf die Ankunft von Justin, den das Deutsche Zentrum für Luft- und Raumfahrt entwickelt hat.
Justin ist ein humanoider Leichtbauroboter, der den Astronauten im All helfen soll. Seine Hände sind so groß wie Astronautenhandschuhe, damit sie die üblichen Werkzeuge – vom Schraubenzieher bis zur Bohrmaschine – bedienen können. Damit soll der Roboter sogar selbstständig Satelliten in der Umlaufbahn reparieren können. Da er keinen Raumanzug braucht, kann er unbeschränkt lange im All arbeiten – bis seine Akkus aufgeladen werden müssen.

Justin

Der Roboter Justin wurde 2009 am Deutschen Zentrum für Luft- und Raumfahrt entwickelt. An den sehr beweglichen Armen hat er jeweils vier Finger.

Ein Traum wird wahr: Armar 3 aus Karlsruhe kann eine Spülmaschine alleine füllen und leeren.

In naher Zukunft müssen Astronauten Arbeiten im All nicht mehr allein durchführen. Ein Roboter steht ihnen als Partner zur Seite und hilft kräftig mit.

Wo sind die Schraubzwingen?

In einem Baumarkt das gesuchte Werkzeug zu finden, ist gar nicht so einfach. Vor allem, wenn man zudem keinen Verkäufer findet, der einem den Weg weisen könnte. In einigen Baumärkten aber kann man inzwischen auf freundliche Roboter stoßen, die jeden Kunden zum gesuchten Regal führen. Gebaut wurden diese Shopping-Assistenzroboter von der Technischen Universität Ilmenau. 2009 wurden sie erstmals eingesetzt. Ebenso gut könnten Assistenzroboter Autos oder Küchen verkaufen. Der aus Spanien stammende REEM-H2 kann Besucher durch ein Museum führen und Kunstwerke und andere Ausstellungsstücke erklären. Auf seinem Touchscreen-Display kann man Fragen in verschiedenen Sprachen eingeben.

Unglaublich!

Haushaltsroboter haben so empfindliche Drucksensoren in ihren Fingern, dass sie sogar mit Gläsern hantieren können. Würden sie zu fest zugreifen, würde das Glas zerbrechen. Wäre der Griff zu locker, würde das Glas zu Boden fallen. Hier ist präzise Technik gefragt!

Das Ziel: Hilfe in allen Lagen

Die Entwickler von Assistenzrobotern haben ein großes Ziel: In naher Zukunft sollen ihre Roboter ihre Aufgaben selbst erkennen. Der Haushaltsroboter soll auch ohne Auftrag die Küche aufräumen und die Spülmaschine einräumen. Er soll spüren, wann ein Mensch Hilfe benötigt, und sofort eingreifen. Hat sich ein Unfall im Haushalt ereignet, soll er dem Menschen helfen und gleichzeitig einen Arzt rufen. Bis dahin wird es zwar noch einige Zeit dauern, aber die Entwickler sind sich sicher, dieses Ziel erreichen zu können.

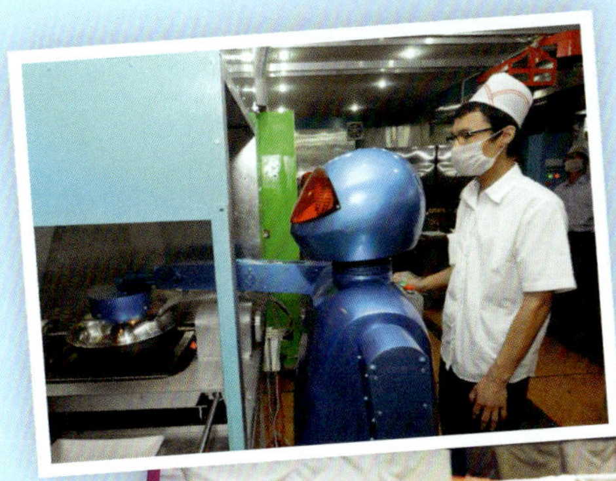

Hallo, Herr Kellner!?

Inzwischen werden auch in Küchen und Restaurants Roboter eingesetzt, die bei der Zubereitung der Speisen helfen und sie auch gleich servieren.

Asimo – ein Roboter lernt laufen

Asimo ist ein humanoider, also menschenähnlicher Roboter der japanischen Firma Honda. Seinen Namen verdankt er der Abkürzung »Advanced Step in Innovative Mobility« (»Weiterentwickelter Schritt in neuartiger Beweglichkeit«). Ausgesprochen wird der Robotername allerdings »Aschimo«. Asimo wurde ab 1986 entwickelt und im Jahr 2000 erstmals der Öffentlichkeit vorgestellt. Im Gegensatz zu anderen humanoiden Robotern kann Asimo Außergewöhnliches: Er kann rennen wie ein Mensch, indem er für den Bruchteil einer Sekunde beide Füße gleichzeitig vom Boden hebt. Für einen Roboter ist das sehr schwierig. Aber das ist noch lange nicht alles. Asimo kann auch Treppen steigen, Türen öffnen und sehr enge Kurven laufen. Als Serviceroboter schaltet er das Licht ein und bringt Speisen und Getränke auf einem Tablett.

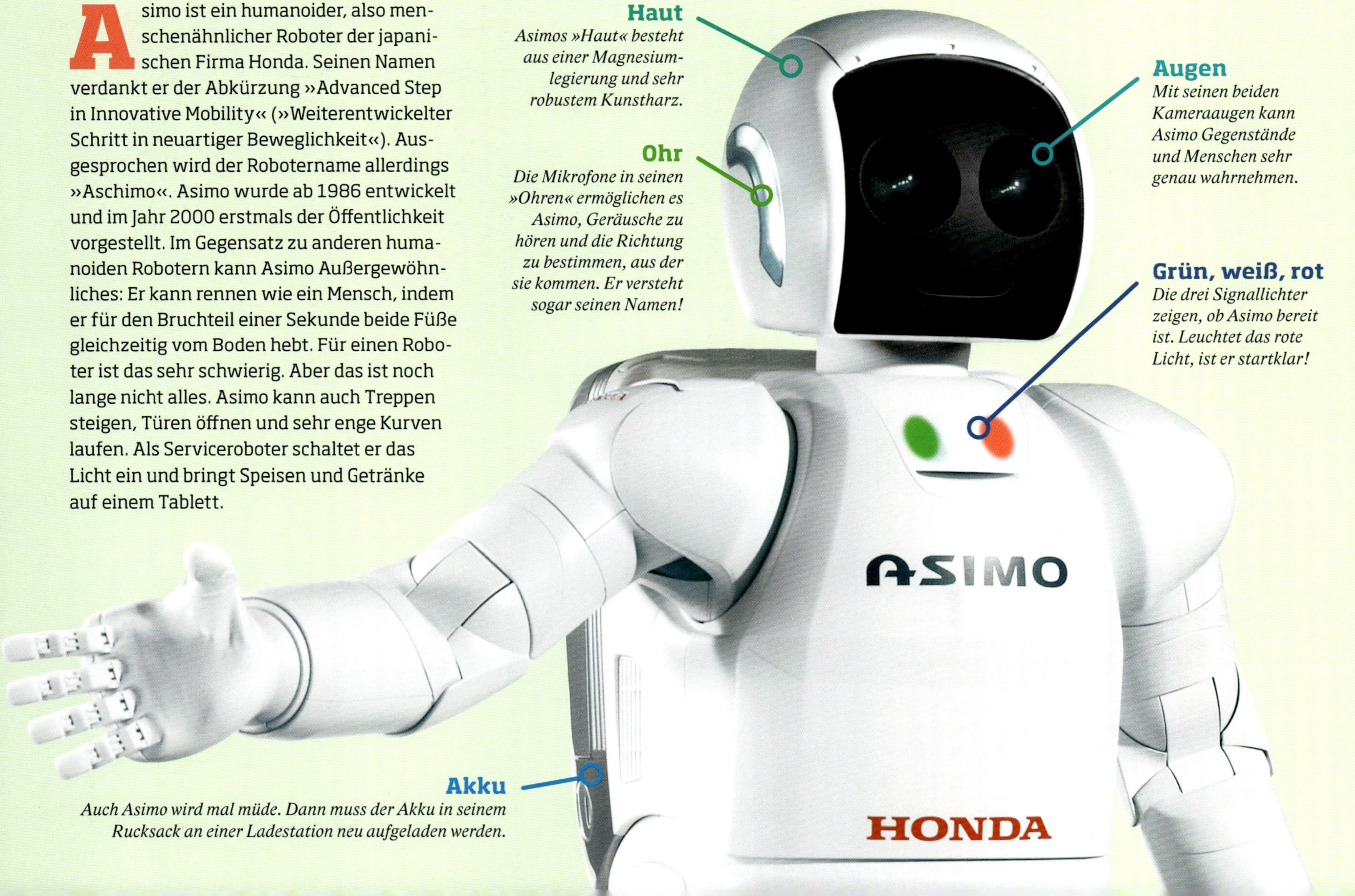

Haut
Asimos »Haut« besteht aus einer Magnesiumlegierung und sehr robustem Kunstharz.

Ohr
Die Mikrofone in seinen »Ohren« ermöglichen es Asimo, Geräusche zu hören und die Richtung zu bestimmen, aus der sie kommen. Er versteht sogar seinen Namen!

Augen
Mit seinen beiden Kameraaugen kann Asimo Gegenstände und Menschen sehr genau wahrnehmen.

Grün, weiß, rot
Die drei Signallichter zeigen, ob Asimo bereit ist. Leuchtet das rote Licht, ist er startklar!

Akku
Auch Asimo wird mal müde. Dann muss der Akku in seinem Rucksack an einer Ladestation neu aufgeladen werden.

Wow!
48 kg

wiegt der nur 1,30 Meter große Asimo. Seine Größe passt gut, wenn er Menschen hilft, die im Rollstuhl sitzen.

Bauchgefühl
Die Ultraschallsensoren können Dinge in bis zu drei Metern Entfernung entdecken – sogar durchsichtiges Glas!

Handgelenk
Sensoren messen den Druck, den zum Beispiel ein Händedruck auslöst. So kann Asimo ihn genauso stark erwidern.

Treppen? Kein Problem!
Asimo kann Treppen steigen und dir sogar einen Becher Saft einschenken! Für eine so schwierige Aufgabe braucht ein Roboter viel Fingerspitzengefühl.

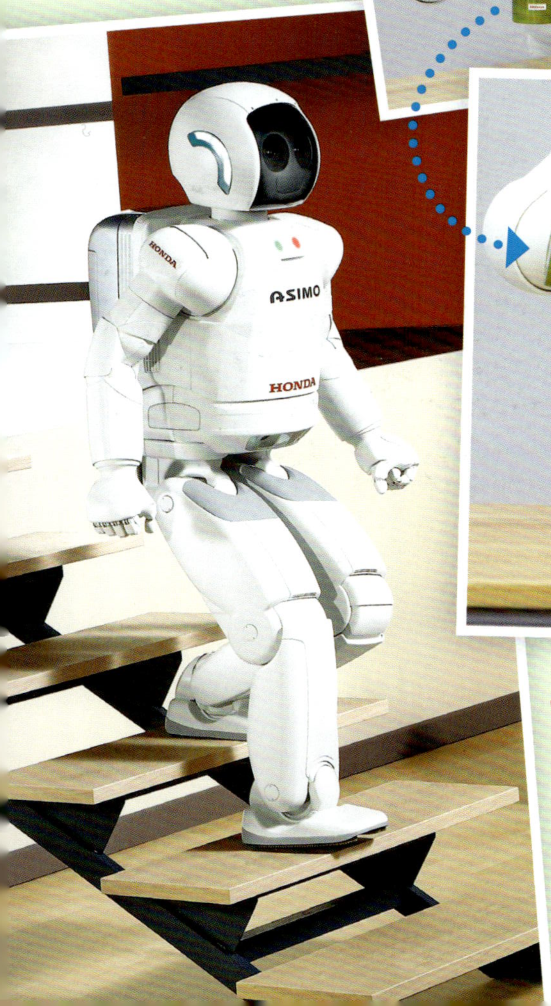

Unglaublich!

In Bruchteilen einer Sekunde misst Asimo Entfernungen zu Gegenständen und erkennt die Bewegungen von Menschen. Reicht man ihm etwa die Hand zur Begrüßung, erwidert Asimo den Händedruck. Liegt ein Fußball vor ihm, kann er ihn wegkicken. Er kann zehn verschiedene Personen anhand ihrer Gesichter und ihrer Sprache unterscheiden und sie daraufhin mit ihren Namen ansprechen.

Woraus besteht ein Roboter?

Statt Zunge und Gaumen hat ein Roboter zum Sprechen einen kleinen Lautsprecher.

Das Wort »Roboter« ist eine Sammelbezeichnung, denn sehr unterschiedliche Formen und Arten wie Raumsonden, Drohnen, Robotcars, Industrieroboter oder humanoide Roboter fallen unter diesen Begriff. Ebenso unterschiedlich wie die Roboter sind auch ihre jeweiligen technischen Eigenschaften. Rein mechanisch besteht ein Roboter aus einer Vielzahl von Achsen, Gelenken, Wellen, Seilzügen, hydraulischen Pumpen und Schläuchen. Ohne elektrische Elemente wie Elektromotoren, Akkus und die entsprechende Verkabelung könnten sich die mechanischen Teile allerdings nicht bewegen.

Welche »Sinnesorgane« hat ein Roboter?

Für die Steuerung der Bewegungen ist wiederum die Elektronik zuständig, die aus Chips, Kameras und Sensoren besteht. Je nach Aufgabe messen die Sensoren mit Laserstrahlen den genauen Abstand zu anderen Objekten, »fühlen« in Fingern und Füßen den Druck oder messen Temperaturen, den Luftdruck oder die Strahlung im All. Die Sensoren und die Kameras sind die Sinnesorgane des Roboters – wie deine Augen, deine Ohren, deine Nase und deine Haut. In einem oder mehreren Chips werden ihre Aufnahmen zu einem Bild von der Umwelt verarbeitet, das immer häufiger dreidimensional (3-D) ist. So weiß ein Roboter immer genau, wo er sich befindet. Er kann daraufhin sein Ziel festlegen und die Bewegungen seiner Arme, Beine, Flügel oder Räder entsprechend steuern, sodass er dieses Ziel punktgenau erreicht.

Unglaublich!

Humanoide Roboter werden seit einigen Jahren mit künstlicher Haut ausgestattet, vor allem die Hände. Die aus einer besonderen Kunststofffolie bestehende Haut erfühlt und ertastet Oberflächen ganz ähnlich wie die menschliche Haut.

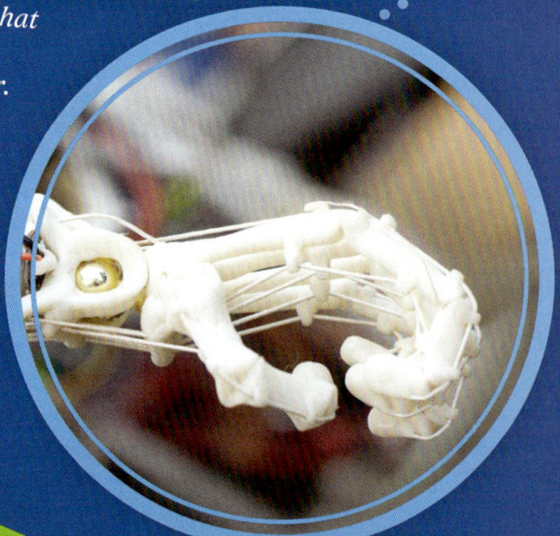

Die Gelenke einer Hand sind besonders kompliziert, können aber inzwischen gut nachgebaut werden.

Viele Meter Kabel sind notwendig, um die Elektromotoren mit Strom zu versorgen und die Informationen von den Sensoren zu übertragen.

In diesem kleinen Kerlchen steckt ganz schön viel Technik!

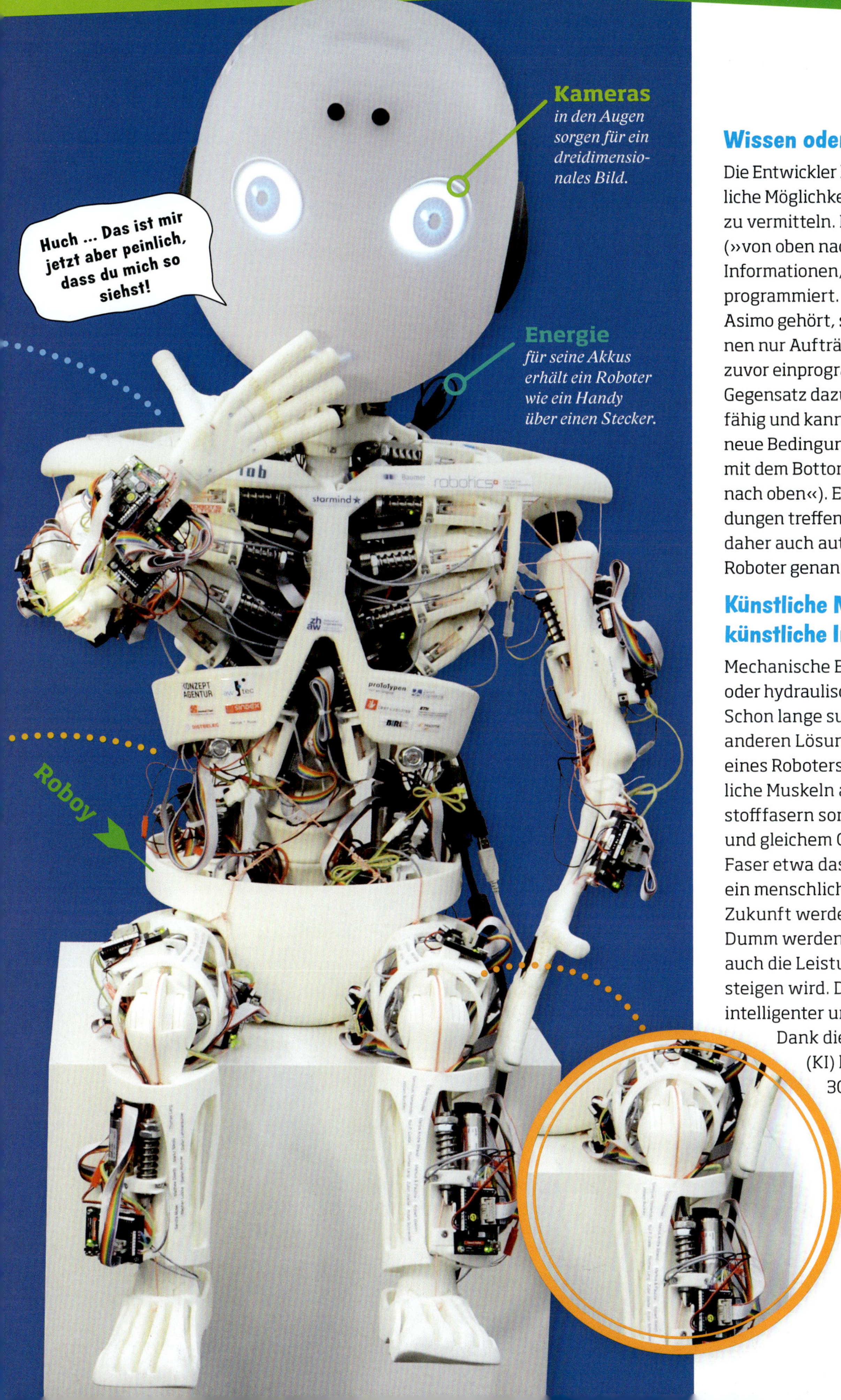

Wissen oder lernen?

Die Entwickler haben zwei ganz unterschiedliche Möglichkeiten, ihren Robotern Wissen zu vermitteln. Beim Top-down-Verfahren (»von oben nach unten«) werden sämtliche Informationen, die ein Roboter benötigt, programmiert. Diese Roboter, zu denen auch Asimo gehört, sind nicht lernfähig. Sie können nur Aufträge übernehmen, die ihnen zuvor einprogrammiert wurden. Ganz im Gegensatz dazu ist Armar 3 durchaus lernfähig und kann seine Fähigkeiten an immer neue Bedingungen anpassen. Er arbeitet mit dem Bottom-up-Verfahren (»von unten nach oben«). Er kann sogar eigene Entscheidungen treffen. Roboter wie Armar 3 werden daher auch autonome, also eigenständige Roboter genannt.

Künstliche Muskeln und künstliche Intelligenz

Mechanische Bauteile wie Elektromotoren oder hydraulische Pumpen sind sehr schwer. Schon lange suchen Forscher daher nach anderen Lösungen. Für die Bewegungen eines Roboters werden in Zukunft künstliche Muskeln aus verschiedenen Kunststofffasern sorgen. Bei gleicher Größe und gleichem Gewicht kann eine solche Faser etwa das Hundertfache heben wie ein menschlicher Muskel. Die Roboter der Zukunft werden also Superkräfte haben! Dumm werden sie auch nicht sein, da auch die Leistung der Chips immer weiter steigen wird. Die Roboter werden noch intelligenter und lernfähiger werden. Dank dieser künstlichen Intelligenz (KI) könnten sie schon in 20 oder 30 Jahren dem Menschen ebenbürtig sein.

Um laufen und sitzen zu können, braucht ein Roboter sehr bewegliche Kniegelenke, die – wie beim Menschen – stark belastet werden.

Für einige Robotermodelle gab es sogar zusätzliche Masken, mit denen sich die Kinder verkleiden konnten. So machte es noch mehr Spaß, mit dem Roboter in die Zukunft zu reisen und dort Abenteuer zu erleben.

Roboter im Kinderzimmer

In den 1950er-Jahren eroberten die Roboter die Kinderzimmer. Bis zu 40 Zentimeter große Automaten aus bemaltem Blech marschierten surrend über den Boden, blinkten mit roten Signallichtern und schossen Raketen auf Feinde ab. Einige hatten große Radarantennen, andere das Gesicht eines Astronauten im Visier. Wieder andere waren dem Filmroboter Robby nachempfunden. Hergestellt wurden die lustigen Spielzeugroboter oft in Deutschland und in den USA, meistens aber in Japan. Zunächst wurden sie durch Uhrwerke angetrieben und mussten mit einem Schlüssel aufgezogen werden. Neben den klobigen humanoiden Robotern waren auch Tiere sehr beliebt, vor allem Hunde. In jedem Fall galten die Blechroboter als Zeichen des technischen Fortschritts, als spielerischer Vorgeschmack auf eine baldige Zukunft.

In der Werbung erschienen die Spielzeugroboter oft als riesengroße Wundermaschinen.

Dickie kann sprechen!

In der 1970er-Jahren verschwand der Schlüssel, denn die Hersteller bauten nun Elektromotoren und Batterien ein. Teurere Exemplare ließen sich sogar über ein Kabel fernsteuern. Nach und nach erhielten die Roboter auch mehr Funktionen, konnten einen Kopfstand machen oder den Helm abnehmen. Dank eingebauter Minischallplatten oder Bandschleifen

Ein echter Kassenschlager: Der Roboterhund Aibo bewegt sich fast wie ein echter Hund. Auch streicheln lässt er sich gerne.

Rekord

3000 Aibos

wurden innerhalb von 18 Minuten verkauft, als der Roboterhund 1999 erstmals im Internet zum Kauf angeboten wurde.

Wenn Pleo Hunger hat, freut er sich über ein Blatt aus Kunststoff. Mmmmmmmh!

begannen die Roboter sogar zu sprechen. Der Hit der 1980er-Jahre war Dickie, der sprechende Roboter. Er wurde nicht mehr aus Blech, sondern aus Plastik gefertigt.

Aibo, der Roboterhund

Ende des 20. Jahrhunderts wurden die Roboterspielzeuge teurer – und intelligenter. Für umgerechnet etwa 2500 Euro gab es 1999 den Aibo (Artificial Intelligence Robot) von Sony, einen Roboterhund, der bis 2006 hergestellt wurde. Aibo bewegt sich wie ein Hund, kann sich auf dem Boden wälzen, mit den Ohren wackeln und seinem Herrchen folgen. Dank eines eingebauten Minicomputers, einer Kamera und mehrerer Mikrofone kann er sich gut orientieren. Sogar das Fußballspielen kann man dem Hund beibringen.

Ein Dinosaurier im Kinderzimmer?

Noch intelligenter ist Pleo, ein Roboterdinosaurier, der ein bisschen wie ein Kuscheltier aussieht – aber wie eines mit 14 Motoren, einer Digitalkamera und 38 Sensoren. Wie Aibo kann auch Pleo sehr gut laufen und sich mit seinem Herrchen verständigen. Befinden sich mehrere Pleos in einem Raum, tauschen die Spielzeugroboter untereinander Informationen aus. Mit der Zeit entwickelt jeder Pleo seine eigene Persönlichkeit und will entsprechend behandelt werden.

Wer räumt das Kinderzimmer auf?

Intelligentes Spielzeug wie Aibo oder Pleo muss natürlich nicht weggeräumt werden: Es passt auf sich selbst auf. Die anderen Spielsachen müssen noch warten, bis es geeignete Serviceroboter gibt, die tatsächlich in der Lage sind, ein Kinderzimmer aufzuräumen. Denn dieser Vorgang ist sehr vielschichtig und daher schwierig für Roboter. Ist die Jeans schmutzig oder sauber? Und wohin gehört sie dann jeweils? Armar 3 und Care-O-bot sind aber gute Kandidaten dafür, eines Tages für Ordnung im Kinderzimmer zu sorgen.

Ein Dino als Haustier? Der Roboterdino Pleo macht diesen Traum möglich.

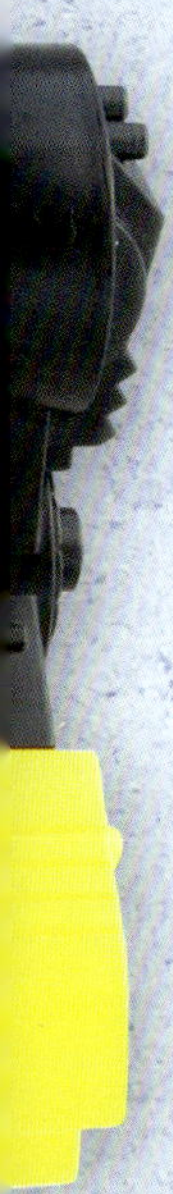

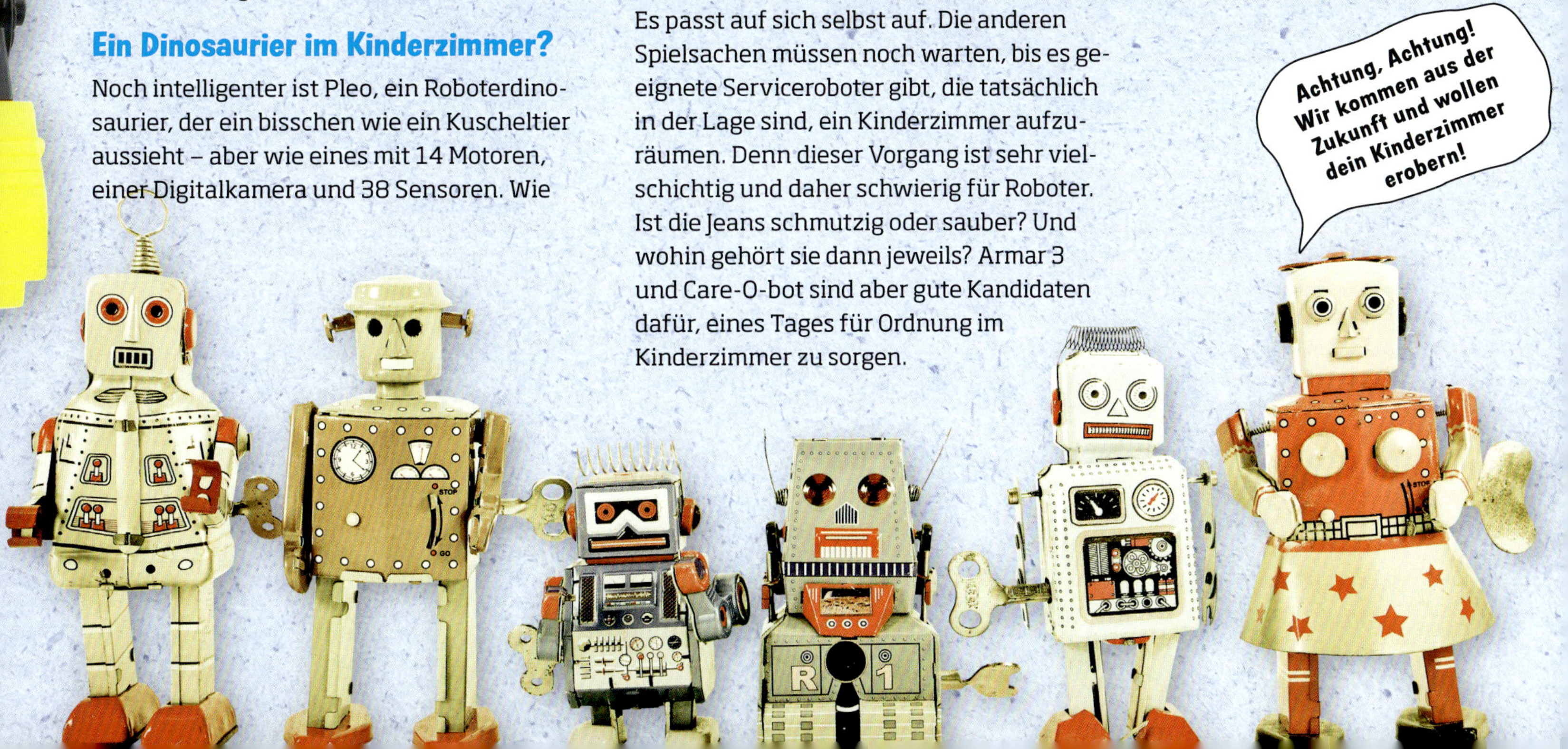

Große und kleine Fußballstars

Beim RoboCup herrscht die gleiche Spannung wie bei jedem anderen Fußballturnier.

➔ Schon gewusst?

Das große Ziel der RoboCup-Teilnehmer ist es, mit humanoiden Robotern um 2050 gegen den menschlichen Fußballweltmeister zu spielen – und zu gewinnen!

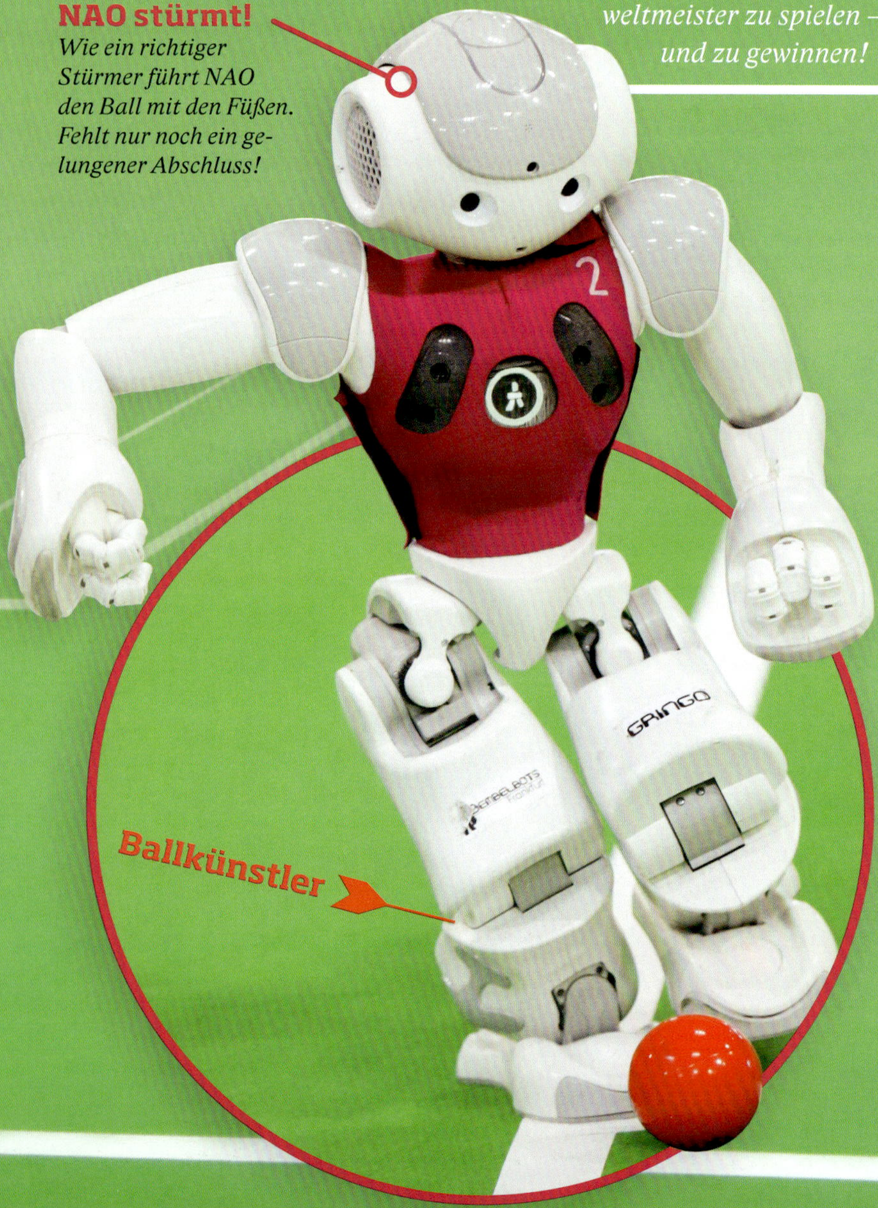

NAO stürmt!
Wie ein richtiger Stürmer führt NAO den Ball mit den Füßen. Fehlt nur noch ein gelungener Abschluss!

Ballkünstler

Welche Mannschaftssportart wird auf der ganzen Welt gespielt, ist besonders spannend, verlangt höchsten körperlichen Einsatz, zugleich aber auch taktisches Geschick? Die Antwort fällt nicht schwer: Fußball. Und da Fußball auch bei Informatikern und Robotikern beliebt ist, wurde von einigen Forschern 1997 der RoboCup (Robot Soccer World Cup) gegründet. Zwar gibt es auch noch eine Reihe anderer Roboterwettbewerbe, wie etwa die World Robot Olympiad oder die RoboGames, aber der RoboCup ist besonders bekannt geworden – weil es um Fußball geht. Allerdings werden die Meisterschaften nicht nur zum Spaß ausgetragen, denn im Mittelpunkt steht natürlich der Leistungsvergleich der verschiedenen Robotertypen sowie deren Weiterentwicklung. Der RoboCup hat also eine unterhaltende und eine wissenschaftliche Seite. Mittlerweile treffen sich über 2 000 Wissenschaftler beim RoboCup, um ihre Forschungsergebnisse auszutauschen.

Ohne Ligen läuft nichts

Wie beim Fußball üblich, gibt es auch im RoboCup verschiedene Ligen. Für die kleinen Roboter gibt es die kleine Liga, in der ein Team fünf Roboterspieler auf das Feld schickt, die keine eigenen Entscheidungen treffen, sondern ferngesteuert werden.
In der mittleren Liga sind die Spieler auf sich gestellt und werden nicht ferngesteuert. Laufen müssen sie nicht. Sie fahren dem Ball vielmehr hinterher und schieben ihn ins Tor. Die Spieler der humanoiden Liga schließlich müssen menschenähnlich sein und daher

Noch ist das Spielfeld nicht ganz so groß wie ein echtes Fußballfeld. Noch nicht.

wie richtige Fußballspieler laufen und den Ball mit dem Fuß spielen. Innerhalb dieser Liga gibt es wiederum drei Klassen: KidSize für Roboter bis zu 60 Zentimetern Größe, TeenSize für 1 bis 1,20 Meter große Spieler und AdultSize für Roboter über 1,30 Meter. In weiteren Ligen – 2-D und 3-D – treten gar keine echten Roboter gegeneinander an, sondern, wie in einem Computerspiel, nur deren Programme. In der Junior League dürfen Jugendliche bis 15 Jahre ihre Roboter aufs Feld schicken.

Spannend wie die Weltmeisterschaft

Wer jetzt denkt, der RoboCup sei im Gegensatz zur echten Weltmeisterschaft langweilig, der irrt sich gewaltig. Denn hier gibt es alles zu sehen, was zu einem guten Fußballspiel gehört: Elfmeterschießen, Torwartparaden und Jubelschreie im Publikum. Der RoboCup findet jährlich statt. Die Teams aus Deutschland, die von Universitäten und Forschungsinstituten gestellt werden, zählen übrigens zu den erfolgreichsten. Der RoboCup ist ein guter Tipp für jeden echten Fußballfan!

Eine spannende Szene im Mittelfeld. Wird es der roten Nummer 3 gelingen, dem Stürmer den Ball abzunehmen?

Nummer 2 hat die Verteidiger tatsächlich hinter sich gelassen und könnte nun schießen …

Doch, was ist das? Nummer 2 verliert das Gleichgewicht! So ein Pech!

Ein »Trainer« bereitet seinen Spieler auf den Einsatz vor.

Wie ein Roboter entsteht

Stefan Kohlbrecher ist Diplom-Informatiker an der Technischen Universität Darmstadt – und Mitglied der RoboCup-Mannschaft »Robot League Team Hector Darmstadt«. Er weiß nicht nur sportlich, was gespielt wird, sondern auch, worauf es in der Robotik ankommt. Daher hat WAS IST WAS ihm einige Fragen gestellt.

Name: Stefan Kohlbrecher
Beruf: Diplom-Informatiker
Hobbys: RoboCup

Blau stürmt, aber Rot hat die Abwehrspieler schon platziert. Was wird als Nächstes passieren?

Wie entwickelt man eigentlich einen Roboter?

Ein Roboter ist immer nur so gut wie sein schlechtester Bestandteil. Beim RoboCup hilft es zum Beispiel nicht, wenn der Roboter sehr schnell laufen kann, aber niemals den Ball sieht. Genauso wenig hilft es, wenn er den Ball immer ganz genau erkennen kann, aber so langsam ist, dass er ihn nicht erreicht – oder ständig hinfällt. Deswegen arbeiten immer mehrere Forscher und Studenten an einem Roboter und jeder kümmert sich um etwas anderes. Bei einem Roboter ist es besonders wichtig, dass die Software, also das, was der Roboter »denkt«, und die Hardware, das heißt die Bauteile, gut zueinanderpassen.

Die Größe des Balls ist auf die Größe der Roboter abgestimmt. Dank seiner leuchtenden Farbe ist er für die Kameras sehr gut zu erkennen und wird vom Roboterfuß daher punktgenau getroffen.

Wird denn der RoboCup nur zum Spaß gespielt?

Nein. Der RoboCup macht zwar viel Spaß, ist aber auch für unsere Forschung sehr wichtig. Im Spiel sehen wir genau, wo der Roboter noch Probleme hat.

Ach so. Und warum wird beim RoboCup Fußball gespielt?

Zuerst dachte man lange, dass Schach ein guter Test für Künstliche Intelligenz sei. Aber dann hat man gemerkt, dass man sehr schnelle Computer recht einfach zu sehr guten Schachspielern machen kann, indem sie sehr viele Züge vorausberechnen können. Das ist beim RoboCup ganz anders! Der Ball ist ja wie beim richtigen Fußball ständig in Bewegung und alles passiert in Echtzeit. Es kann nichts vorausberechnet werden. Fußballspielen ist für einen Roboter eine viel größere Herausforderung als Schachspielen!

Dann ist der RoboCup also ein richtig ernster Wettkampf?

Na ja. Wie beim richtigen Fußball treten die Teams und ihre Roboter ja direkt gegeneinander an. Da will man natürlich auch gewinnen! Das ist ja klar! Aber es gibt kein hartes Konkurrenzdenken. Die Forscherteams, die beim RoboCup teilnehmen, möchten eigentlich in erster Linie die Robotik voranbringen. Wenn man nebenbei noch gewinnt – umso besser!

Wie gut verkraftet man Niederlagen?

Das ist ein bisschen wie beim richtigen Sport: Man ist erst mal niedergeschlagen. Alle Teammitglieder sind ja mit viel Leidenschaft dabei. Da ist es natürlich nicht schön, wenn man nicht so weit kommt, wie man sich das vielleicht gewünscht hat. Allerdings ist der Wettbewerb auch nur eine Seite der Medaille, die andere ist die Forschung dahinter. Und die Forschung hat nichts damit zu tun, welchen Platz man erreicht hat. Eines Tages wird sie dazu beitragen, dass Roboter Menschen retten können oder in der Küche helfen. Das ist ein toller Trost!

Alles klar! Was sind die nächsten Ziele?

Die Rettungsrobotersysteme weiter voranbringen. Sie könnten beispielsweise Menschen aus eingestürzten Häusern retten. Dafür nutzen wir auch sehr viel Software, die wir für die Fußballroboter entwickelt haben. Wir testen sie beim RoboCup – allerdings in der Rescue Liga, nicht beim Fußball.

Hector tastet sich durch ein Labyrinth, um mögliche Opfer aufzuspüren. 2014 wurde der Roboter sogar Weltmeister in der Rettungsliga!

Das Innere des Rettungsroboters steckt voller Elektronik und Kabel. Hard- und Software müssen immer wieder überprüft werden.

Schon gewusst?

Für Bergungsroboter gibt es innerhalb der Weltmeisterschaft RoboCup einen eigenen Wettbewerb, den RoboCup Rescue. Hier geht es nicht um Fußball, sondern darum, Treppenstufen zu meistern und Opfer zu retten.

Was war bisher der spannendste Moment bei einem Spiel?

Beim RoboCup ist es oft sehr spannend! Da die Roboter selbstständig handeln, kann man meistens gar nicht sagen, was sie als Nächstes tun werden … Aber am spannendsten sind sicher die Spiele um den Weltmeistertitel. Denn dort trifft man auf die fähigsten Gegner.

Gab es schon einmal eine tolle Überraschung?

Oh ja! 2006 hat einer unserer Roboter vollkommen autonom einen Hackentrick ausgeführt! Und dann war da noch unser Torwart. Er hat 2011 den Ball aufgehoben und rückwärts geworfen. Der Schiedsrichter hatte in Erwartung eines geworfenen Eigentores schon fast abgepfiffen und war sehr verwundert, als der Roboter den Ball tatsächlich über die Schulter geworfen hat!

Jede Bewegung der Roboter wird mit Rechnern verfolgt und überwacht, um die Spieler verbessern zu können.

Robotcars – die Autos der Zukunft

Car-to-Car-Communication: Die Fahrzeuge tauschen wichtige Daten untereinander aus.

Viele New Yorker machten große Augen, als sie im Sommer 1925 ein Auto durch die Straßen ihrer Stadt kurven sahen, in dem kein Fahrer saß. Auch in anderen Städten tauchte dieses Phantomauto auf, dessen Insassen sich nicht zu wundern schienen. Sie hatten auch keinen Grund, denn sie wussten ja, dass ihr Auto von einem zweiten Wagen, der dicht hinter ihrem fuhr, per Funk ferngesteuert wurde. Mit ihrem Phantomauto wollten einige Forscher vorführen, wie die Zukunft des Autofahrens aussehen könnte. Das wollten auch die Entwickler der amerikanischen Firma General Motors. Sie nutzten die Weltausstellung in Seattle 1962, um das Zukunftsauto Firebird III vorzustellen. Auf einer Versuchsstrecke konnten sich Besucher von dem fahrerlosen Auto chauffieren lassen, das mit allerhand Elektronik und Sensoren auftrumpfte. Bis 1975, so versprach die Firma, würde sich diese Technik durchsetzen.

Eine echte Herausforderung

Ein Blick auf jede beliebige Straße zeigt, dass weder General Motors noch andere Autohersteller das Versprechen einlösen konnten. Denn ihre Autos waren aufwendig konstruierte Versuchsmodelle, die nur auf besonders vorbereiteten Straßen fahren konnten. Auch bei späteren Modellen aus den 1970er- und 1980er-Jahren mussten Fahrer hinter dem Steuer sitzen, um im Notfall eingreifen zu können. Man wollte aber einen Wagen, der seine Passagiere ganz ohne Fahrer sicher ans Ziel bringt. Immerhin schaffte es ein S-Klasse-Mercedes 1995, von München nach Kopenhagen und zurück zu fahren und fast die gesamte Strecke ohne Eingreifen eines Fahrers zu bewältigen.

Schon heute gibt es Assistenzsysteme, die den Verkehr scannen und im Notfall automatisch bremsen.

Ein Ingenieur testet in Japan ein Robotcar. Noch kann er jederzeit eingreifen und das Auto selbst lenken.

In naher Zukunft kann man sein Robotcar mit dem Smartphone ausparken lassen.

Die Robotcars kommen!

Seit 2005 arbeiten fast alle großen Autohersteller an Robotcars. Dank moderner Computer und Sensoren gelten ihre Autos inzwischen als sicher und ausgereift. Ab 2020 könnten die ersten Robotcars in Serie gehen. Vorher müssen aber noch letzte technische und vor allem rechtliche Fragen geklärt werden. Wer etwa trägt die Schuld, wenn sich doch mal ein Unfall ereignet? Darf man ein Robotcar auch ohne Führerschein »fahren«?

Nach Hause, bitte!

Doch dann geht`s los! Die Passagiere steigen ins Auto, schalten es ein und sagen dem Navigationsgerät ihr Ziel. Das Robotcar legt mithilfe von Satelliten die beste Route fest, startet den Motor und fährt los. Sensoren überprüfen die Abstände zu den anderen Verkehrsteilnehmern, während Kameras Ampeln und Verkehrszeichen erkennen. Viel schneller als jeder menschliche Fahrer bremst das Robotcar, sobald ein plötzliches Hindernis auftaucht. Außerdem tauscht das Auto ständig Informationen mit anderen Fahrzeugen aus. Durch diese Car-to-Car-Communication erfährt das Robotcar, wo Staus und Unfälle sind oder wo Glatteis zu befürchten ist. Die Insassen merken davon gar nichts, denn sie schlafen, surfen im Internet oder unterhalten sich. Entspannt erreichen sie ihr Ziel.

Ultras sind Elektromobile, die Passagiere selbstständig zum Parkhaus fahren.

Angeberwissen

- Amerikanische Autoexperten haben vorausgesagt, dass 2040 rund drei Viertel aller Autos in den USA Robotcars sein werden!

Auf dem Flughafen Heathrow (London) kann man bereits mit Robotcars fahren.

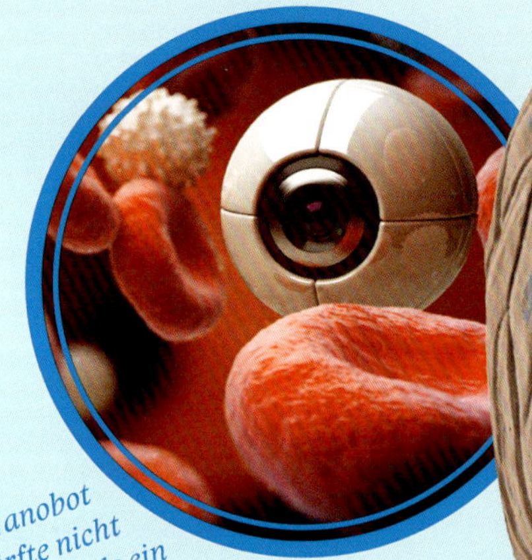

Ein Nanobot dürfte nicht viel größer als ein Blutkörperchen sein.

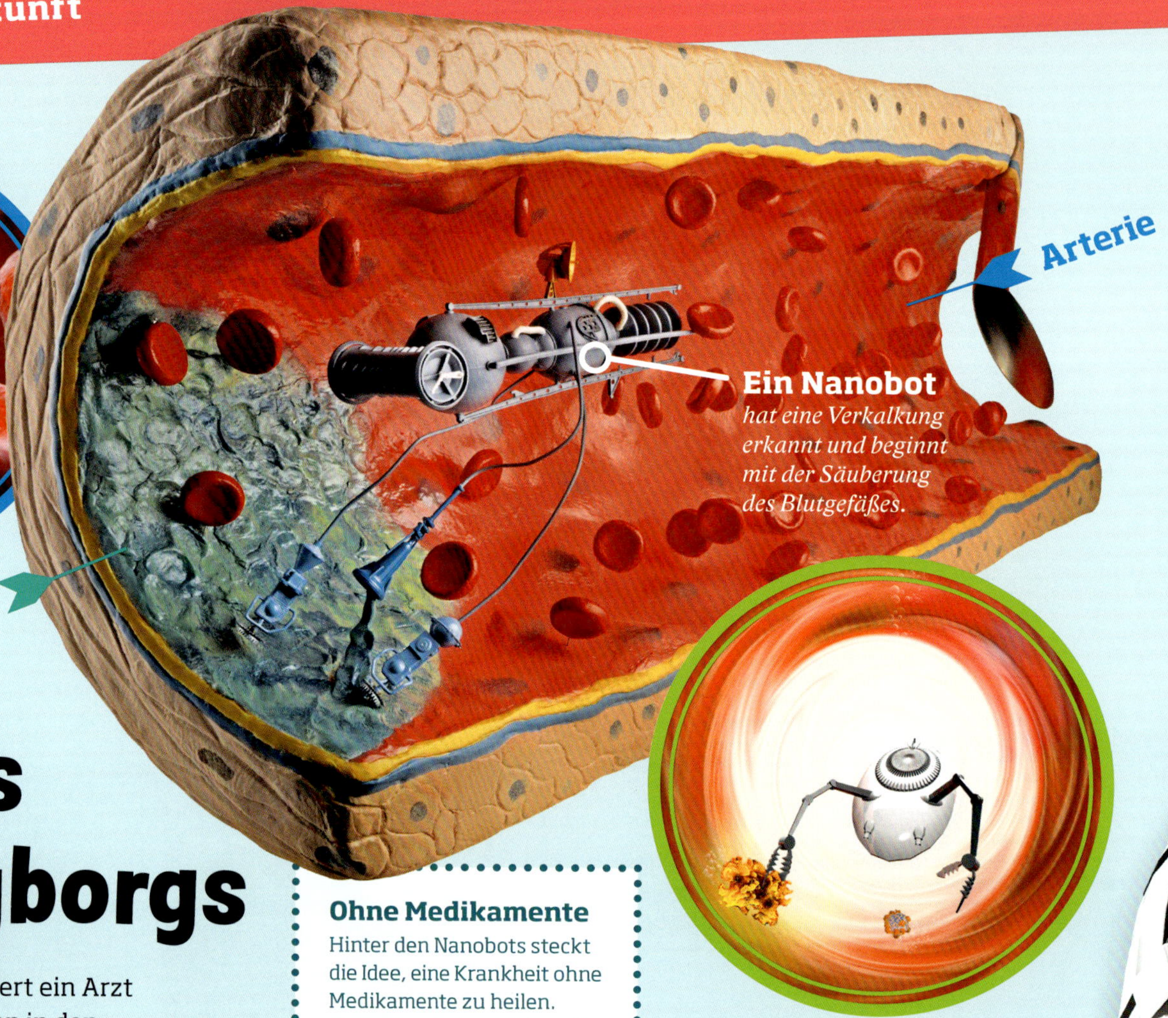

Ein Nanobot *hat eine Verkalkung erkannt und beginnt mit der Säuberung des Blutgefäßes.*

Ein Nanobot ähnelt einem AUV-Tauchroboter mit Greifarmen, ist jedoch unendlich viel kleiner.

Nanobots und Cyborgs

Mit einer Spritze injiziert ein Arzt winzige Nanoteilchen in den Bauch eines Patienten. Dort wächst ein Tumor, den die unglaublich kleinen Teilchen zerstören sollen. Dafür haben sie ein besonderes Zellgift an Bord. Ihre Oberfläche ist so beschaffen, dass sie von den Krebszellen aufgenommen werden und ihren Wirkstoff dann gezielt freisetzen können. »Drug Targeting« – zielgerichtete Wirkstoffabgabe – nennen die Mediziner diese neue Methode. Die einzeln gar nicht sichtbaren Nanoteilchen sind zwar keine Roboter, sondern nur eine Art Transporter. Aber in Zukunft könnten daraus Roboter werden: Nanoroboter oder schlicht Nanobots. Sie wären etwa so groß wie ein Blutkörperchen, hätten bewegliche Greifarme, einen Antrieb und Sensoren, die Viren oder Ablagerungen in Adern erkennen könnten. Zu Tausenden würden sie in die Blutbahn gespritzt und zerstörten dort Krebszellen und Krankheitserreger oder beseitigten Arterienverkalkungen. So sieht zumindest die Vision einer zukünftigen Nanomedizin aus.

Ohne Medikamente

Hinter den Nanobots steckt die Idee, eine Krankheit ohne Medikamente zu heilen. Statt chemischer Wirkstoffe würden Roboter eingesetzt werden, die die Ursachen von Krankheiten direkt und ohne große Nebenwirkungen bekämpfen könnten.

Angeberwissen

- Das griechische Wort »nano« bedeutet »Zwerg«. Ein Nanometer ist der milliardste Teil eines Meters. Nanotechnologie umfasst den Bereich von 1 bis 100 Nanometer.
- Das Wort »Cyborg« ist die Abkürzung für »cybernetic organism« (kybernetischer Organismus). Das ist ein biologisches Lebewesen, das teilweise aus elektronischen Elementen besteht.

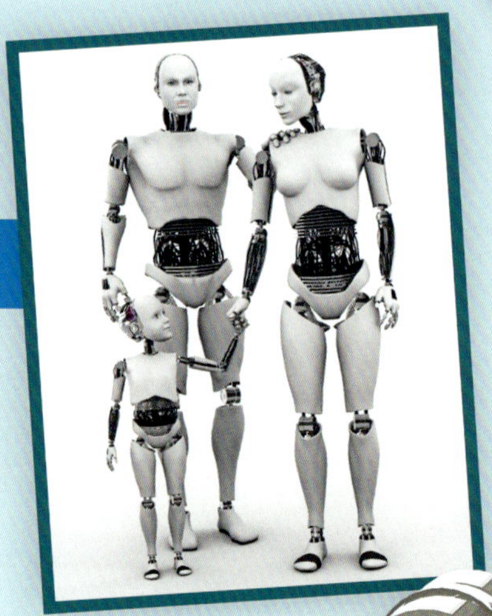

Wie viele Organe des Menschen lassen sich durch elektronische oder mechanische Bauteile ersetzen? Diese Frage ist noch offen.

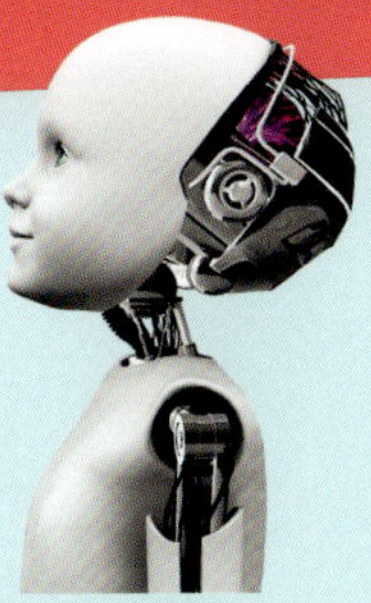

Roboterrechte?

Intelligente Roboter könnten in Zukunft eigene Roboterrechte einfordern, die mit unseren Menschenrechten vergleichbar wären. Sie könnten sogar festlegen, wie wir intelligente Roboter zu behandeln hätten. Ob Roboter dann auch Anspruch auf Ferien haben werden?

Mensch oder Roboter?

Die Frage ist heute gar nicht mehr so leicht zu beantworten wie vor hundert Jahren. Denn unsere moderne Technik sorgt dafür, dass Mensch und Maschine immer mehr verschmelzen. Etwa jeder zehnte Mensch könnte bei uns ohne technische Körperteile wie künstliche Hüftgelenke, Herzschrittmacher oder Arm- und Beinprothesen kein normales Leben führen. Zu den neuesten Entwicklungen zählen Retina-Implantate. Das sind Computerchips, die auf die Netzhaut im Auge gesetzt werden, um Blinden wenigstens einen Teil ihrer Sehkraft zurückzugeben. Bald werden noch mehr Chips in den Körper und das Gehirn eingebaut werden, damit etwa querschnittsgelähmte Menschen wieder gehen können oder Demenzkranke ihr Gedächtnis behalten. Der Mensch wird so nach und nach zu einem Cyborg, zu einer Mischung aus Mensch und Roboter.

Ein Headset erfasst die Gehirnströme und setzt sie in Befehle um, die eine Maschine ausführt.

Roboter nur mit Gedanken steuern

Längst kann man sich mit Robotern sprachlich verständigen. Aber es gibt noch eine andere, direktere Möglichkeit, Maschinen zu steuern, nämlich mithilfe von Gedanken. Dazu braucht man eine besondere Schnittstelle zwischen Gehirn und Computer, ein sogenanntes Brain-Computer-Interface (BCI). Heute verwendet man einen Helm oder ein Headset, in Zukunft wahrscheinlich einen Chip. Das BCI kann die Aktivitäten des Gehirns erkennen und als Befehle an Computer weiterleiten. Schon heute können so gelähmte Menschen nur mit ihren Gedanken am Computer Texte schreiben. Es reicht, dass sie an die Sätze denken. Auf diese Weise lassen sich auch Roboter steuern.

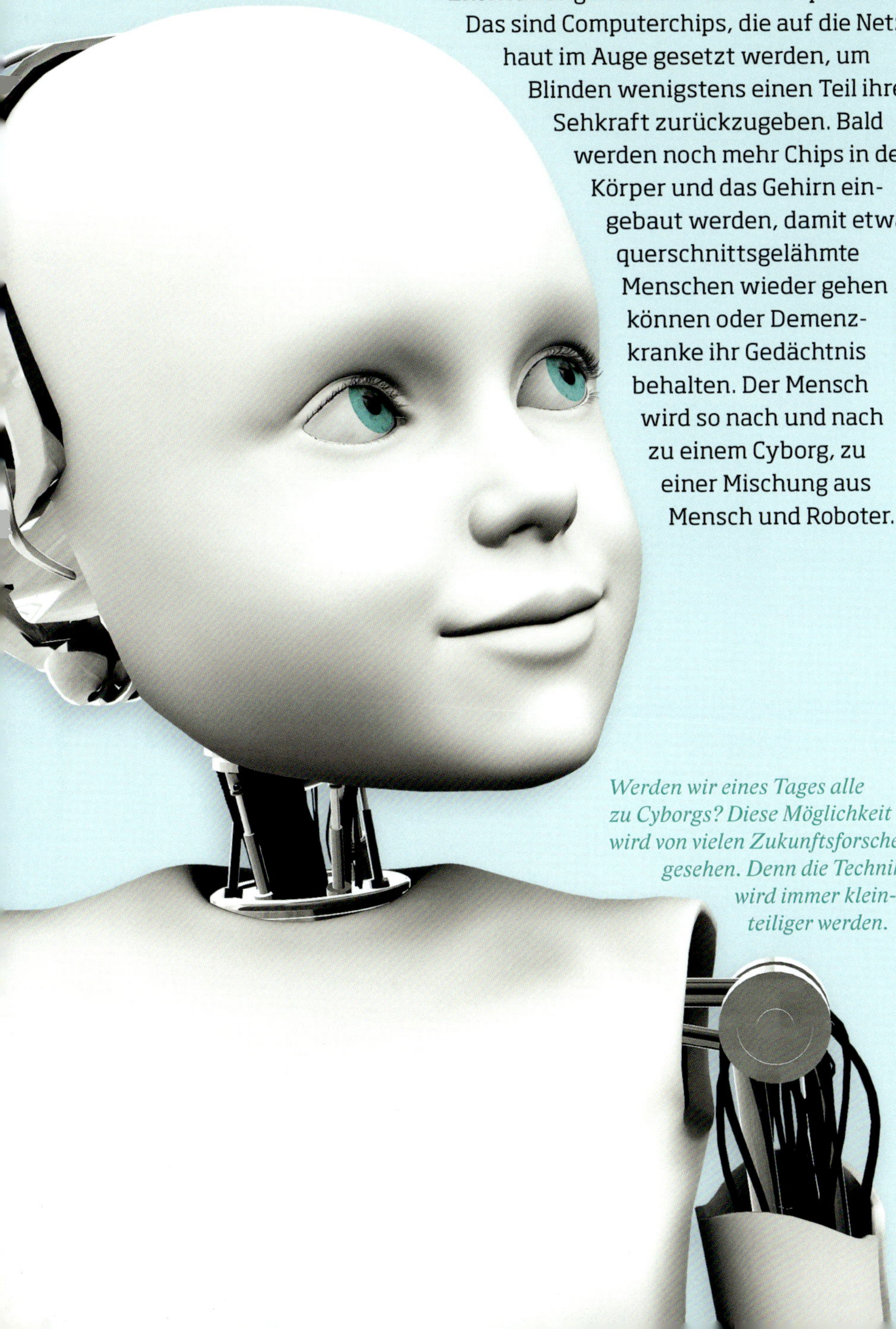

Werden wir eines Tages alle zu Cyborgs? Diese Möglichkeit wird von vielen Zukunftsforschern gesehen. Denn die Technik wird immer kleinteiliger werden.

Willkommen im Smart Home!

In 20 oder 30 Jahren könnte unser Alltag ganz anders aussehen als heute. Unsere Häuser könnten intelligent sein: Smart Homes, die sich um viele wichtige Aufgaben automatisch kümmern. Dafür würden mehrere Chips und Computer sorgen, die ständig Daten austauschten und auch mit Robotern vernetzt wären. Insbesondere auf Sicherheit würden die intelligenten Häuser großen Wert legen und daher den Garten und alle Räume auf mögliche Gefahren hin scannen. Bemerkte das Haus, dass jemand eindringen will, könnte es sofort die Polizei alarmieren, überall das Licht einschalten und die Haushaltsroboter losschicken. Die hätten zwar eigentlich andere Aufgaben, könnten sich aber durchaus auch einem Einbrecher in den Weg stellen.

Auch der lästige Abwasch entfällt natürlich. Eine gute Aufgabe für Roboter.

16.30 UHR

Die Eltern kommen zurück. Die Hausaufgaben sind erledigt, das Haus ist sauber. Jetzt geht jeder seinen Interessen und Hobbys nach. Auch dabei hilft das Haus, wenn zum Beispiel ein vermisstes Spielzeug gesucht wird oder der Akku einer Maschine leer ist. Da Lilli schon so müde ist, lässt sie sich ihr Lieblingsbuch einfach von einem der Roboter vorlesen.

Das Staubsaugen übernimmt ein kleiner Roboter, den man kaum bemerkt.

15.00 UHR

Auch bei den Hausaufgaben können die Roboter helfen. In Mathe sind sie sogar unschlagbar. Aber eine Frage können die Roboter dann doch nicht beantworten. Also rufen die Kinder die Eltern an. Es reicht, den Wunsch zu äußern. Das Haus stellt sofort die Verbindung her. Telefone zum Anfassen gibt es nicht mehr. Von jedem Raum aus kann man sich jeden Teilnehmer geben lassen und frei sprechen.

Ein Smart Home ist nicht nur ein Haus, sondern zugleich ein Computer, in dem wir zusammen mit Robotern leben könnten.

6.30 UHR

Das Haus erhöht rechtzeitig vor dem Aufstehen die Temperatur und sorgt für warmes Wasser im Bad.

Viele Funktionen eines intelligenten Hauses lassen sich schon heute per Smartphone steuern.

7.00 UHR

Das Haus weckt die Bewohner mit Musik. Natürlich jeden mit seiner eigenen. Die Haushaltsroboter bereiten Pfannkuchen für das Frühstück vor. Der Kühlschrank meldet, dass der Käse fast verbraucht sei, er aber bereits neuen bestellt habe. Da schaltet sich der Kaffeeautomat ein. Der Toaster wird vom Roboter befüllt, beginnt mit dem Toasten aber erst, als die Familie im Esszimmer eintrifft. Schließlich soll der Toast frisch sein!

Die Rezepte besorgt sich der Roboter schnell selbst aus dem Internet.

14.00 UHR

Die Schule ist aus! Der Robotbus bringt Leo und Lilli zurück, deren Mittagessen bereits auf dem Tisch steht. Es gibt Spaghetti Bolognese. Lecker! Gekocht wurde die Mahlzeit von den beiden Haushaltsrobotern. Auf gutes Essen legt die Familie großen Wert, Fertiggerichte kommen also nicht in Frage. Die Roboter achten auf abwechslungsreiche Ernährung. Für den Nachmittag haben sie heute sogar noch Muffins gebacken.

9.30 UHR

Es klingelt! Keiner zu Hause? Doch! Das Haus erkennt den Postboten und öffnet ihm automatisch die Tür. Er hat ein Paket dabei, das einer der Roboter entgegennimmt. Wenig später steht der Lebensmittellieferant mit dem Käse und anderen bestellten Waren vor der Tür. Auch er wird erkannt und ins Haus gelassen – nicht aber ein Unbekannter, der an der Gegensprechanlage ein wenig später die Fragen des Hauses nicht beantworten kann.

Am Vormittag möchte Oskar Gassi gehen. Kein Problem! Auch das kann ein Roboter erledigen.

Glossar

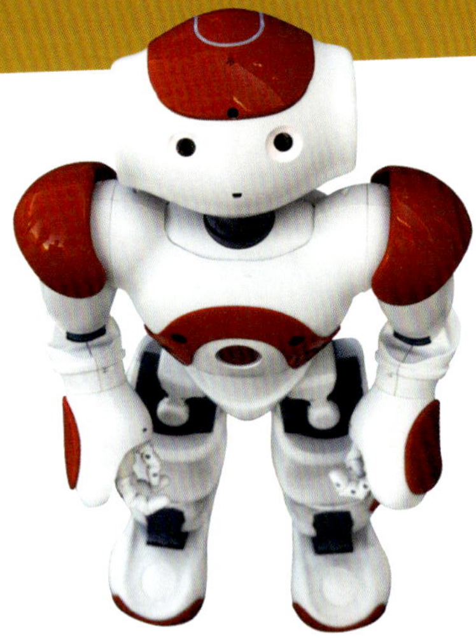

Humanoide Roboter tun Dinge, die auch wir Menschen tun. NAO kann sprechen, laufen – und tanzen!

Android: Ein humanoider Roboter mit menschlicher Mimik und Gestik, der einem Menschen zum Verwechseln ähnlich ist.

Assistenzroboter: Ein Roboter, der uns in unserem Alltag assistiert, also unterstützt.

AUV (Autonomous Underwater Vehicle): Tauchroboter, der nicht über ein Kabel mit einem Schiff verbunden, sondern selbstständig unterwegs ist.

Avatar: Stellvertreter eines Menschen, entweder als virtuelle Person im Computer oder als realer Avatar in Gestalt eines Androiden.

Bottom-up-Verfahren: Ein lernfähiges Programm für einen Computer oder Roboter, das sich an neue Bedingungen immer wieder neu anpassen kann.

Brain-Computer-Interface (BCI): Schnittstelle zwischen einem Computerchip und dem menschlichen Gehirn.

Car-to-Car-Communication: Der automatische Austausch von Daten zwischen mehreren Autos, die so gegenseitig erfahren, wo und wie schnell sie gerade fahren.

Cyborg: Abkürzung für »cybernetic organism« (kybernetischer Organismus). Ein Cyborg ist ein biologisches Lebewesen, das teilweise aus elektronischen Elementen besteht.

Drohne: Ein ferngesteuertes oder automatisches Flugzeug, also ein fliegender Roboter.

Exoskelett: Ein Roboterskelett, das gebrechliche oder behinderte Menschen tragen können, um wieder gehen zu können.

Humanoider Roboter: Roboter mit der Gestalt eines Menschen. Er hat zwei Arme, zwei Beine, einen Körper und einen Kopf, aber keine menschliche Mimik oder Gestik.

Industrieroboter: Roboter, die für die Arbeit in Industriebetrieben gebaut werden, um zum Beispiel Autos zusammenzuschweißen.

Künstliche Intelligenz (KI): Der menschlichen Intelligenz nachempfundene Intelligenz von Computern, die auch schwierige Aufgaben lösen und eigene Entscheidungen treffen können.

Lochkarte: Eine Karte aus Holz oder Karton, die an bestimmten Stellen gelocht ist. Die Löcher übertragen Befehle an Webstühle oder Computer. Lochkarten werden heute kaum noch eingesetzt.

Manipulator: Von Menschenhand bewegte Kunsthand, mit der in Laboren gefährliche Gegenstände bearbeitet oder bewegt werden.

Nanobot: Kurz für Nanoroboter. Ein unglaublich winziger Roboter.

RoboCup: Seit 1997 jährlich veranstaltete Weltmeisterschaft im Roboterfußball mit verschiedenen Ligen.

RoboCup Rescue: Eine besondere Liga innerhalb des RoboCups, bei der Rettungs- und Bergeroboter gegeneinander antreten.

Robotcar: Selbstfahrendes Auto, das ganz ohne Fahrer auskommt und automatisch sein Ziel findet.

ROV (Remotely Operated Vehicle): Tauchroboter, der über ein Kabel mit einem Schiff verbunden ist und von dort aus ferngesteuert wird.

Rover: Fahrzeug, das auf einem Planeten unterwegs ist – ferngesteuert oder selbstständig.

Scanner: Geräte, die Dokumente oder Gegenstände mithilfe von Lichtstrahlen oder anderen Strahlen abtasten, sodass die gewonnenen Daten weiterverarbeitet werden können.

Schwarmroboter: Eine Gruppe von Robotern, die ständig Daten austauschen und zusammenarbeiten. Gemeinsam lösen sie Aufgaben, an denen ein einzelner Roboter scheitern würde.

Sensor: Ein kleines Messgerät oder ein Messfühler, der die Temperatur, den Druck, den Schall oder andere Eigenschaften misst.

Smart Home: Ein intelligentes und von Computern gesteuertes Haus, in dem auch Roboter wohnen können.

Top-down-Verfahren: Ein Verfahren, bei dem sämtliche Informationen, die ein Roboter benötigt, vorab programmiert werden müssen.

Transistor: Elektronisches Bauteil, mit dem man elektrische Signale schalten und verstärken kann.

WAS IST WAS Band 135

Bildquellennachweis: **akg-images:** 7m, **CAR 2 CAR Communication Consortium:** 42or, **Corbis:** 3ol (H. Turvey & A. Kyriacou/Science Photo Library), 4/5 (Hg. – P. A. Lawrence/Visuals Unlimited), 6um (Bettmann), 12ol (Bettmann), 16ul (Chassenet/BSIP), 17um (K.-K. Hoon/Reuters), 21ur (J. E. Flores), 27ol (STR/Reuters), 31ur (SHENG LI/Reuters), 34um (H. Turvey & A. Kyriacou/Science Photo Library), 34or (Science Photo Library), 34mr (E. Tham), 36ol (Bettmann), 37ol (Reuters), 37or (T. Schwarz/Reuters), 45or (M. MacMatzen/Reuters), **Daimler AG:** 42mr, **Deutsches Zentrum für Luft- und Raumfahrt e.V. (DLR):** 30r, **ESO/Digitized Sky Survey 2/Davide De Martin:** 23ur, **Festo AG & Co. KG:** 24ur, 45mr, **Fotolia:** 46mr (nataliafrei), 46/47 (Hg. – Franck Boston), **Fraunhofer Institut:** 16r (x3), **GEOMAR (AUV) Helmholtz-Zentrum für Ozeanforschung Kiel:** 3ur (G. Mundt), 25om (G. Mundt), **GEOMAR (ROV) Helmholtz-Zentrum für Ozeanforschung Kiel:** 24m, **Getty:** 3ur (M. Frolow), 5or (C. Peter), 6ol (De Agostini Picture Library), 6om (W. West), 6ul (L. Gouliamaki/AFP), 8om (UniversalImagesGroup), 8or (R. Crane), 12or (Bloomberg), 14mr (J.-F. Monier), 15ur (AFP), 15or (Y. Tsuno), 15mr (P. Desmazes), 19om (Y. Tsuno), 24/25 (Hg. – Mmdi), 27mr (AFP), 28ol (K. Kaku), 28ul (J. Kimura), 29ol (Y. Tsuno), 31mr (H. Morgan), 34m (AFP), 36ul, 42ul (AFP), 42ur (The Asahi Shimbun), 43ur (UK Press), 44ol (Science Picture Co.), 44om (G. Brightling), 44mr (F. Skold), 46or (J. Pierini), 47m (J. Pierini), 47ur (M. Frolow), **Harper Adams University/S. Blackmore:** 14, **Honda Motor Co., Ltd:** 3ul (x2), 7or, 32/33, **Institut für Industrialdesign Magdeburg:** 2or, 18o, 18mr, **Japan Aerospace Exploration Agency:** 22or, **Karlsruher Institut für Technologie, Institut für Anthropomatik und Robotik:** 30ml, 30ul, **KUKA Roboter GmbH:** 12um, **mauritius images/Alamy:** 43or, **NASA:** 1, 22/23u, 22/23 (Hg.), 23ur, 31or (JSC/R. Markowitz), **NOAA:** 24o, **picture alliance:** 4ul (epa/AFP/NASA), 6or (Mary Evans Picture Library), 6m (J. Büttner), 6ml (ANA Cardiff University), 6ur (Mary Evans Picture Library), 7ml (akg-images), 7ul (akg-images), 7um (akg-images), 8ol (Mary Evans Picture Library), 8ur (United Archives/TopFoto), 9ol (dpa), 9mr (AFP), 9ur (Y. Tsuno), 10or (Abacapress.com/Genin Nicolas), 10ul (I. West), 11ol (R. Vennenbernd), 12ur (J. Stratenschulte), 13ur (F. May), 14ur (M. Schutt), 15om (Photoshot), 15ul (U. Perrey), 16ol (S. Pilick), 16ml (University Hospital Aoup/handout), 17m+mr (dieKLEINERT.de /T. Kuhlenbe), 17or (K. Gabbert), 17ul (V. Bonn-Meuser), 18ul (R. Stockhoff), 19mr (D. Karmann), 19um, 21m (A. Rain), 26or (Institut für Luft- und Raumfahrt), 26ur (Institut für Luft- und Raumfahrt), 27ml (Norbert Försterling), 26ul, 28ur (Photoshot), 29or (Polfoto), 29ur (Aist/Ho), 31ul (Photoshot), 37mr (B. Roessler), 47mr (M. Bahlo), 47or (F. Gentsch), 48or (Photoshot), **Rechenberg, Ingo:** 27m, 27um, **robocupgermanopen.de/A. Lander:** 3mr, 38or, 38ul, 38/39 (Hg.), 39or, 39mr, 39m, 39ul, 39ur, **Shutterstock:** 2l (anyunov), 2mr (funkyfrogstock), 5ur (dedMazay), 6/7 (Hg. – Roberaten), 10/11 (Hg. – Roberaten), 10/11 (Filmstreifen – V. Kozorez), 11r (anyunov), 13o (D. Kalinovsky), 13m (wellphoto), 14/15 (Hg. – I. Kalinin), 18mr (Jag_cz), 18/19 (Hg. – Roberaten), 21or (funkyfrogstock), 22ul (Triff), 26 (Hg. – E. Kovalev spb), 27or (D. Oesin), 27o (Blätter – Jiang Hongyan/rodho/Lucy Baldwin), 27 (Hg. – Chaikovskiy Igor), 36ol (Ensuper), 36ur (Ely Solano), 36/37 (Hg. – Roberaten), 37u (charles taylor), 43 (Hg. – ArtisticPhoto), 44ur (S. Holmlund), 45ol (S. Holmlund), 45ul (S. Holmlund), 46ul (Nikonaft), **Swatch Group:** 7ol (J. Droz), **The Noun Project:** 14ur (OCHAVisual Information Unit), **TU Darmstadt:** 40or (C. Schlegel), 40mr (O. von Stryk), 40ul (K. Binner), 41mr (S. Kohlbrecher), 41m (S. Kohlbrecher), 41ur (C. Wronski), **Universität Bremen/DFKI GmbH/Dieter Klein:** 19or, **US Department of the Army/Sgt. David Strayer:** 21ml, **US Marine Corps/Sgt. Mallory S. VanderSchans:** 20or, **US Navy/Michael Smevog:** 20/21 (Hg.), **Wikipedia:** 7r, 8ml, **Zürcher Hochschule für Angewandte Wissenschaften ZHAW:** 35l, 35um

Vorsatz: Shutterstock (VikaSuh) ol, Shutterstock (Smit) ur

Umschlagfotos: U1: Roboter – Shutterstock (Ociacia), Hg. – Shutterstock (queezz), U4: Ingo Rechenberg

Gestaltung: independent Medien-Design

www.tessloff.com

ISBN 978-3-7886-2089-9

WAS IST WAS
Wunderbare Welt der Tiere
Film ab!
mehr als 15 Videos

WAS IST WAS
Akustik
BAND 28

WAS IST WAS
Wissenschaften
BAND 29

WAS IST WAS
Pilze
BAND 33

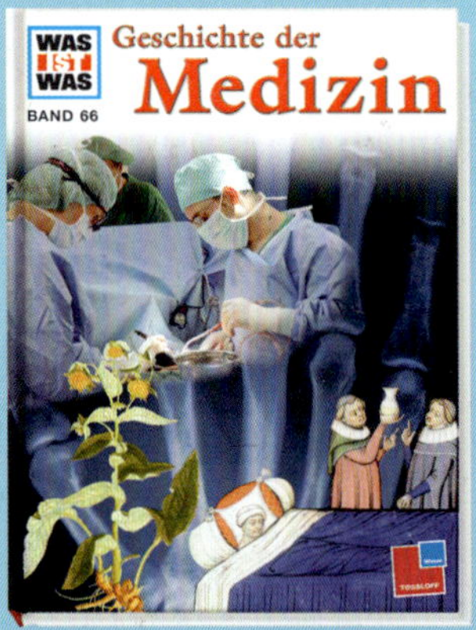
WAS IST WAS
Geschichte der
Medizin
BAND 66

WAS IST WAS
Schatzsuche

WAS IST WAS
Europa

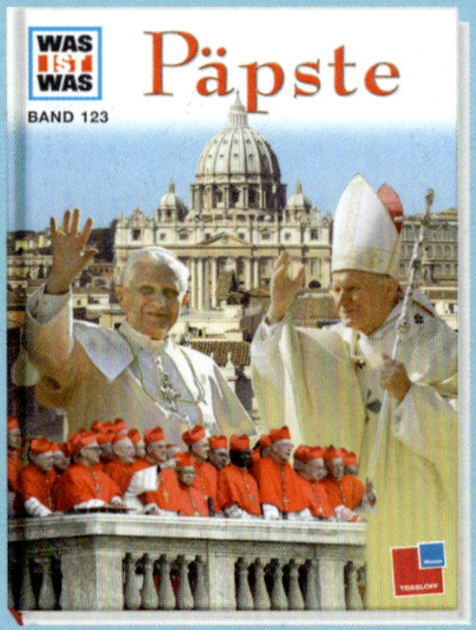
WAS IST WAS
Päpste
BAND 123

WAS IST WAS
Ernährung

WAS IST WAS
Hamster, Biber
und andere Nagetiere

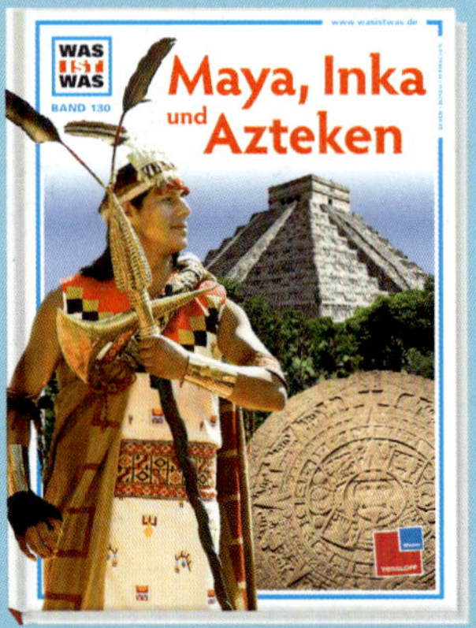
WAS IST WAS
Maya, Inka
und Azteken

WAS IST WAS
Raubtiere
und andere Jäger